INTERIOR DESIGN AND SPACE REPRESENTATION

室内设计与空间表达

（第二版）

田　原　编著

中国建筑工业出版社

图书在版编目（CIP）数据

室内设计与空间表达 = INTERIOR DESIGN AND SPACE
REPRESENTATION / 田原编著 . —2 版 . —北京：中国
建筑工业出版社，2022.9
　　ISBN 978-7-112-27786-5

　　Ⅰ.①室⋯　Ⅱ.①田⋯　Ⅲ.①室内装饰设计—研究
Ⅳ.①TU238.2

中国版本图书馆 CIP 数据核字（2022）第 153463 号

责任编辑：费海玲　焦　阳
责任校对：姜小莲

室内设计与空间表达（第二版）
INTERIOR DESIGN AND SPACE REPRESENTATION
田　原　编著

*
中国建筑工业出版社出版、发行（北京海淀三里河路 9 号）
各地新华书店、建筑书店经销
华之逸品书装设计制版
天津图文方嘉印刷有限公司印刷
*
开本：889 毫米×1194 毫米　1/20　印张：11　字数：326 千字
2022 年 11 月第二版　　2022 年 11 月第一次印刷
定价：**78.00** 元
ISBN 978-7-112-27786-5
　　　　（39860）

室内（interior），是指建筑的内部空间，组成室内的实质是空间而非建筑，也就是说室内的本质是空间，需要我们考虑设计的是空间。

INTERIOR

室内

设计

DESIGN

设计（design），是指将一种设计计划、规划、设计思维、问题的解决办法通过视觉的方式传达出来的活动过程。

不同的设计师可能表现出不同的手法和美学取向，但他们都遵循着一些共同的设计原则，即
对空间的理解，
对设计的热爱。

SPACE

空间

空间（space）是一个三维统一的连续体。我们这样说，是指有可能通过 X、Y、Z 这三个（坐标的）数字来描绘一个（静止）点的位置，并且在其附近有着无数的点，其位置能够用诸如 X_1、Y_1、Z_1 这样的坐标数来描绘，这跟我们选用的第一个点的坐标数 X、Y、Z 的值分别相同。由于后者的特征我们谈到"统一连续体"，并且由于存在三个坐标这一事实，我们就把空间说成是"三维的"。同样，被闵可夫斯基（Hermann, Minkowski）[1] 简称为"世界"的这个物理现象的世界，在时空意义上说自然就是四维的了。

空间三维坐标体系的三个轴 X、Y、Z，在设计中具有实在的价值。X、Y、Z 相交的原点，向 X 轴的方向运动，点的运动轨迹形成线，线段沿 Z 轴方向垂直运动，产生了面。在面的概念上进行的空间构图设计就是二维时空的造型设计。整面沿 Y 轴向纵深运动，又产生了体。在体的概念上进行的空间构图设计就是三维时空的造型设计。由于点、线、面的运动方向和距离的不同，体现出不同的形态，例如方形、圆形、锥形、自然形，等等。不同形态的单体和单体并置，形成集合的群体，群体之间的虚空，又形成若干个虚拟的空间形态，因此，在实体与虚空的概念上进行的空间构图设计就是四维时空的造型设计。而我们这里所说的四维空间的造型设计是以环境艺术的室内设计与景观设计为主要代表的，本书主要涉及室内设计中的空间的设计表达。

面对运动着的物质世界，设计是人为运动对时空的造型，这就需要设计者具备意象的造型和实在的表达能力。设计者接受造型能力与表达能力的训练，能否在设计的领域游刃有余，取决于设计者理解空间概念的先天素质与生活环境熏陶的后天养成。人的后天素质是有着明显差异的，就空间概念来讲，一般人在 10 岁左右开始具有三维空间的意识，通常具备这种能力的人也就具备了学习设计方法的基础。空间概念的理解力当然也可以在后天的生活、学习环境中培养。对于空间概念的确立和培养，一般更注重受训者置身实际空间感受的速写与测绘训练，然而对于空间设计的艺术修养等的培养也是不容忽视的。

---

1 德国数学家，发展数字几何论，并使用几何法解数字论、数学物理学与相对论难题。其将三度实体空间与时间相结合的四度空间（后称闵可夫斯基空间）观念，奠定了爱因斯坦一般相对论的数学基础。

室内设计

室内设计（interior design）是专业室内设计师所关注的室内环境特征的领域，包括不同的色彩、纹理、家具、照明和空间等，所以要求设计师根据建筑物的使用功能、地理环境和相应规定，运用现代技术手段和审美学原理，创造功能合理、舒适优美、满足人们物质和精神生活需要的室内环境艺术。所以，室内空间既要具有使用价值，满足相应的功能要求，同时也应反映历史文脉、装饰风格、环境气氛等精神要素。

在室内设计中我们所说的空间是四维的，在此给通常意义上的三维空间加上"时间"这一概念。时间意味着运动，抛开时间研究空间将是乏味的，没有意义的。自爱因斯坦"相对论"提出以后，人们对空间的认识有了深化，知道了空间和时间是同一物体的不同表达方式。空间是可见实体要素限定下所形成的不可见的虚体与感觉它的人之间所产生的视觉的"场"，是源于生命的主观感觉。而这种感受是和时间紧密联系在一起的，人们在室内环境中对空间的观赏，必然是一种动态的观赏，时间就是动态的诠释方式。人在室内空间中，就必然体验时间的流逝和空间的变化，从而构成完整的感观体验。空间的时间性在室内设计中是客观存在的一个因素，充分运用时间这"第四维"是创造动态空间形式的根本，也是创造"流动之美"的必经之路。

室内空间的概念不是一成不变的，而是在不断完善补充和创新。对于人的活动而言，室内是一个包容的空间，人在这个包容的空间中活动，其行为必定会受到某种限定。"空间一旦固定，也就有了限定生活方式的能力"[1]。 室内空间根据空间使用功能可以划分为居住空间和公共空间。居住空间在使用类型上有单元公寓、别墅、城堡庄园等形式；公共空间的内容丰富多样，使用类型复杂多元，包括商业空间、展览空间、工作空间、娱乐空间、旅游设施空间、医疗设施空间、教育设施空间、餐饮空间、特殊空间（loft 空间）等。

---

1 小原二朗等.室内空间设计手册 [M].张黎明、袁逸倩，译，高履泰，校.北京：中国建筑工业出版社，2000：31.

如何使用这本书?

这本书主要解决两个方面的问题

1. 从室内设计的各个空间的角度去解析设计

2. 从设计效果图快速表现的角度去分析表达

空间平面图示意

只是一个简单的空间示意图，并非准确的设计平面图，有一定的提示作用。大部分是用马克笔绘制的，部分是在Photoshop中完成的，也有手绘和电脑合成的

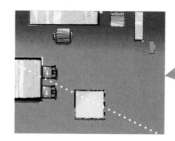

平面示意图

关于这部分所属的空间内容

本书一共介绍十个空间

166

纸 张：硫酸纸／复印纸
工 具：绘图笔／滚珠笔

线 描 稿

可以在硫酸纸或者复印纸上绘制设计图，就像画素描、速写一样，要心里有数下笔才能清楚，同时要把设计的空间界面透视、光线、空间结构关系用线表现出来

有关线描稿用的工具和纸张

色彩稿

一般可以复印几张线描稿，作色彩分析，尝试最佳的方案。这张图用马克笔来描写彩色的空间关系，在固有色的基础上还要注意环境色和光源色的关系

图片说明

有关该空间的说明：这张图是商业空间、设计空间……

整个空间几乎没有装饰，保留原建筑的砖墙，粉刷为白色，并用书柜简单地分隔了空间。所有的家具陈设和画板、绘画工具等共同形成了典型的loft空间风格。18m² 的空间里，"麻雀虽小、五脏俱全"。未加任何装饰的古董式的电视机、皮制的工作椅、简单的工作台……一切存在都是设计。

有关彩色稿使用的工具和纸张

纸张：硫酸纸／复印纸
工具：绘图笔／滚珠笔、酒精马克笔、水溶彩色铅笔、高光笔

色彩分析

这张图的色彩分析，是画图时的色彩、比例关系的依据。可以作为用色参考。基本上在空间的关系上要注意的是素描的黑白灰，然后再根据材料和陈设设计的需要增加彩度，或者是对比，以及同类色渐变

目录

CONTENTS

室内**设计**与空间**表达**

商业空间是联系人、商品、环境的桥梁和纽带，也是人们日常购物的场所。在现代，商业环境已然成为一个巨大的竞争市场，经营者希望通过设计来实现引流和经济效益，而客人则希望去体验和享受整个购物的空间和过程，因此现代商业空间的机能不仅包含展示性和服务性，还具有休闲性和文化性。传统意义上的商业空间一般包括商业步行街、百货商店、超级市场、购物中心、专卖店等具有商业性用途的空间。

⊙商业步行街是在道路两侧开设联排的店铺供人们散步购物的街道。设计中一般禁止或部分禁止机动车驶入，或者限速，同时两侧常种连续的低矮植物，穿插树木以遮阳，或者增设花坛，增加其宣传作用。步行街两侧设有公共设施，方便行人在购物途中的各种需求。

⊙百货商店源于19世纪中叶的法国，是以零售业为主、商品种类繁多的综合性购物空间，一般设计营业面积600m²以上，如百货大楼、百货大厦等。传统的百货大楼多店铺，购物流线易乱，直至20世纪中下叶，伴随着人们的审美水平的提高，百货大楼或淘汰或转型并逐渐演变成现在的商业综合体。

⊙超级市场源于20世纪30年代的美国，最初设计为自选购物的形式，具有一定的规模，价格低廉，主要面向普通消费人群。营业时间较长，常设在人群聚集区，如车站、码头、住宅区等。市场内部设计简洁明快，有自己特有的形象和标志，仓储式是超级市场最常见的类型。

⊙购物中心源于19世纪70年代的美国，追求一种高层次、高享受的商业环境，设计的营业面积比较大，通常在1500m²以上，且人流量较大。兼有餐饮、美容、娱乐、停车场等一系列设施，与周边的交通规划相互适应，现常与写字楼相结合，满足人们的日常工作与生活的一体化。

⊙专卖店（exclusive shop）以专门经营或授权经营某一主要品牌商品（制造商品牌和中间商品牌）为主，属于零售业。一般选址于繁华商业区、商业街、百货店或购物中心内。营业面积根据经营商品的特点而定，以著名品牌、大众品牌为主，销售体现量小、质优、高毛利，采取定价销售和开架面售。注重品牌名声，从业人员必须具备丰富的专业知识，并提供专业知识性服务。在其设计上，注重店面和廊橱展示的设计。内部空间多用展架分隔，搭配专业的灯光设计，体现品牌的文化与品质。

此外，商业空间设计也涵盖其中的公共开放空间。该空间多用于展示、表演、节日庆典以及使用者日常交往休憩等行为活动。对其进行设计要充分考虑人性化、艺术性和地域性等方面的问题，在空间和家具的尺度上要满足成年人与儿童等多种人群的需求，同时应当因地制宜，深入挖掘各地自然环境、艺术元素和文化属性，营造出各具特色的商业空间。

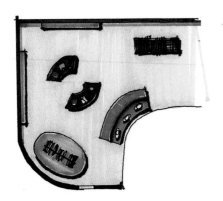

平面示意图

纸　张：硫酸纸／复印纸
工　具：绘图笔／滚珠笔

　　此商业空间是百货店中的一例服装专卖店，空间的中心部位为弧形的吊顶和隔墙，给人以灵动的气息，打造顺畅的购物流线。服装的展架为红色，地面为明亮的黄色，红黄色彩的引入给空间注入了活力和生机，且这样鲜亮的色彩使整个服装专卖店更加亮丽夺目，突出了商品针对年轻人的个性特点。

3

纸　张：硫酸纸／复印纸
工　具：绘图笔／滚珠笔、酒精马克笔、水溶彩色铅笔、高光笔

该服装店的设计，柱子是原建筑空间中的承重构件，但在恰当的处理后被加以利用，柱子与木板的结合，巧妙地形成了人员休息地带，有效地利用了空间。同时重视顾客的流动空间和路线的合理性，整体氛围明快、清新。

纸 张：硫酸纸／复印纸
工 具：绘图笔／滚珠笔

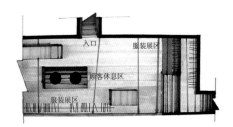

平面示意图

纸 张：硫酸纸／复印纸
工 具：绘图笔／滚珠笔、酒精马克笔、水溶彩色铅笔、高光笔

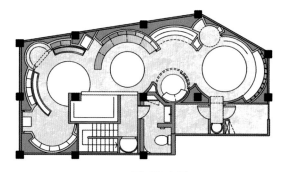

平面示意图

纸　张：硫酸纸／复印纸
工　具：绘图笔／滚珠笔

为体现服装旗舰店空间质感，不仅要有出众的空间设计手法，还要给人或强烈，或舒适的视觉冲击。此服装店运用弧线造型营造出层次分明的吊顶和具有向心性的功能空间，服饰与展柜的色彩同灰白的空间背景形成强烈的对比，将人的注意力和视觉焦点都引领到了商品上。

纸　张：硫酸纸／复印纸
工　具：绘图笔／滚珠笔、酒精马克笔、水溶彩色铅笔、高光笔

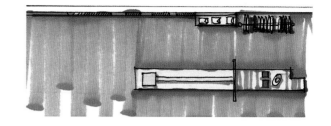

平面示意图

纸　张：硫酸纸／复印纸
工　具：绘图笔／滚珠笔

　　轻快亮丽的色彩，高低错落的吊灯，呈现出一种错落有致的现代感，体现了一种年轻人对自由的向往和渴望。背景墙面的造型既有储物展示的功能，又使空间充满了节奏感。主要的展台运用淡黄色、淡蓝色的对比，在展示的同时有效利用了这些恰到好处的小的分割空间。

纸　张：硫酸纸／复印纸
工　具：绘图笔／滚珠笔、酒精马克笔、
　　　　水溶彩色铅笔

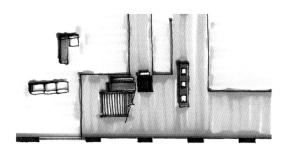

平面示意图

纸 张：硫酸纸／复印纸
工 具：绘图笔／滚珠笔、酒精马克笔、水溶
彩色铅笔、高光笔

纸 张：硫酸纸／复印纸
工 具：绘图笔／滚珠笔

该空间采用柱式结构，从空间功能本身出发，设计注重功能性和美观性，造型为极简风格，塑造了简洁、高雅的商业空间氛围。材料主要是木质、石材，设计简洁中透着大气，大气中不乏细腻。在皮鞋展台的旁边设有白色皮质沙发休息椅，体现了"人性化"的设计原则。

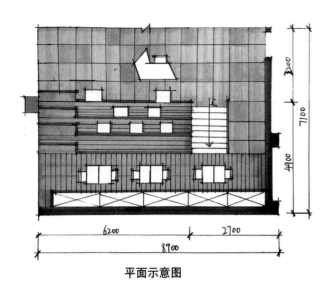

此空间为商场内的一家咖啡休闲空间，充分利用了原建筑层高较高的优点，营造出敞亮的大尺度空间。大面的落地窗和轨道灯保证了充足的空间采光和照明，阶梯既可作为交通系统，也可作为散座，在保证容客率的前提下，为空间增添了一分趣味。

平面示意图

纸　张：硫酸纸／复印纸
工　具：绘图笔／滚珠笔

纸　张：硫酸纸／复印纸
工　具：绘图笔／滚珠笔、酒精马克笔、水溶彩色铅笔、高光笔

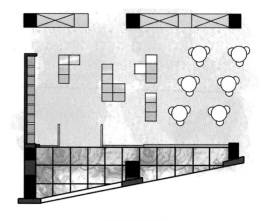

平面示意图

纸 张： 硫酸纸／复印纸
工 具： 绘图笔／滚珠笔

这是一个以厨房为中心的厨具品牌体验馆，辅以当代科技结合中国悠久的饮食文化，打造烹饪结合食生活的跨领域美学场域。多功能展售空间透过模具化家具与可移动组装的推拉车柜，可顺应不同功能的空间使用；灯光和新风系统镶嵌在平顶内能够很好地适应灵活多变的场景布置。

纸 张： 硫酸纸／复印纸
工 具： 绘图笔／滚珠笔、酒精马克笔、水溶彩色铅笔、高光笔

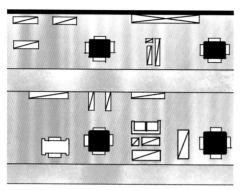

平面示意图

纸 张：硫酸纸／复印纸
工 具：绘图笔／滚珠笔

这是位于购物中心的一家皮具品牌的零售店，硬朗的线条和木色展现出了该品牌对于皮具制造工艺的匠心和传承，给人以一种端庄典雅的空间印象。趣味性的材料混搭，独特的灯光投射和色调打造了独一无二的购物体验。用木板和乳胶漆将空间柱体改造成商品的展示墙，极大地提高了空间利用率。

纸 张：硫酸纸／复印纸
工 具：绘图笔／滚珠笔、水性马克笔、水溶彩色铅笔、高光笔

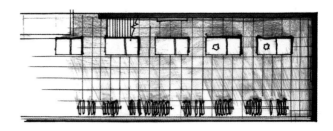

平面示意图

纸　张：硫酸纸／复印纸
工　具：绘图笔／滚珠笔

用单纯的材料处理空间界面，保持原建筑单纯的原生态，连续的形态和照明营造出美与空间的深远感和现代感，玻璃的冷静和水泥板的冷酷，简约而不失大气。整个空间的冷灰色调透着轻盈，引人遐想。

纸　张：硫酸纸／复印纸
工　具：绘图笔／滚珠笔、酒精马克
　　　　笔、水溶彩色铅笔、高光笔

平面示意图

纸 张：硫酸纸／复印纸
工 具：绘图笔／滚珠笔

该空间地面采用素水泥石片，背景淡灰色墙面简朴的色调，衬托出服装的做工精细，设计典雅。橱窗设计使橱窗外的人不仅可以欣赏展品，还可以透过橱窗看到商店内的景象，达到内外空间相互交融的效果。空间布局简单合理，清新明快。简洁的灯带作为重点照明，配合局部照明充分满足了空间对灯光的需要。

纸 张：硫酸纸／复印纸
工 具：绘图笔／滚珠笔、酒精马克笔、水溶彩色铅笔、高光笔

13

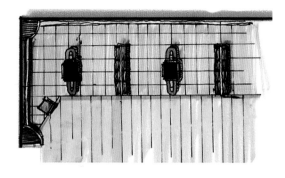

平面示意图

该店面旨在追求前卫的空间感受，裸露原建筑的顶棚，只是做局部吊顶。重点在灯光处理，不同区域使用不同的灯光表现形式。整个空间色彩采用弱对比手法，使空间更有生气。

纸　张：硫酸纸／复印纸
工　具：绘图笔／滚珠笔

纸　张：硫酸纸／复印纸
工　具：绘图笔／滚珠笔、酒精马克笔、水性马克笔、
　　　　水溶彩色铅笔、高光笔

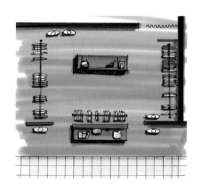

平面示意图

纸 张：硫酸纸／复印纸
工 具：绘图笔／滚珠笔

此空间为大型商场的专卖女装店设计，该空间设计充满秩序感。采用单纯的木质材料作界面处理，对称式分隔，恰到好处地平衡空间，同时采用鲜亮的黄色和蓝色对比色给空间注入了活力。

纸 张：硫酸纸／复印
纸
工 具：绘图笔／滚珠
笔、酒精马克
笔、水溶彩色
铅笔、高光笔

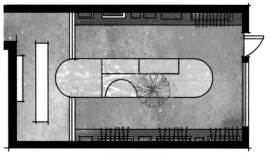

平面示意图

纸 张：硫酸纸／复印纸
工 具：绘图笔／滚珠笔

　　该设计是步行街沿街的一家小型服装店，采用简单有效的"回"字形空间布局，保证了空间的流畅和商品的容积率。吊顶造型拉长了空间纵深，空间下部四周环绕石质抽屉，其上覆盖蓝色衬垫，并搭配整合了黄铜板和照明系统的陈列装饰。中心区的大型石质展示柜拔地而起，如同与地板和周围展示柜连成一体，而嵌入中央展示柜的绿植盆栽则赋予该处一个印象深刻的标签。

纸 张：硫酸纸／复印纸
工 具：绘 图 笔／滚 珠
　　　　笔、酒 精 马 克
　　　　笔、水溶彩色铅
　　　　笔、高光笔

商业空间

展示空间设计是一类高度专业化的室内设计。它首先考虑的是空间的人流组织，其次是二维的平面设计，包括展板、标识等。它要创造出能够迅速建成的室内空间环境设施，而这些设施又能在竞争性强甚至使人眼花缭乱的环境中有效地交流。这些设施大都有标准化模数，并有重新使用的价值。展览空间的临时性和短期性有时会给设计者提供较大的自由度，以尝试一些大胆的方案。但这些方案对其他一些使用期较长的工程来讲，很可能是不合适的。因此，展示空间设计会是未来室内设计的主要内容之一。展示设计是一种人为环境的创造，空间规划就成为展示艺术中的核心要素。展示空间的基本结构由场所结构、路径结构、领域结构所组成，其中场所结构属性是展示空间的基本属性，因为场所反映了人与空间最基本的关系。

展示空间一般包括展览馆、博物馆、画廊等。

⊙ 展览会是现代商业和贸易活动中的重要组成部分，展馆已成为产品和材料制造商重要的销售窗口，既要展示产品，也要展示企业的服务和形象。为了维护展览会公共安全和公共秩序，各国、各地的展览会对展览设计、施工都有各种各样的管理规定和限制。所以需要严格按照规定取材设计展馆。

⊙ 博物馆的设计既要重视实用性也要重视纪念性，创造性的设计手段使得它们可与商业空间相媲美。运用戏剧性的布局和色彩，创作既有文化教育价值又富有娱乐性的展览空间是设计师常用的方法。博物馆主要由入口厅堂、展示空间、保管空间、研究空间和办公空间构成。

⊙ 画廊在规模上比博物馆小，但也是通过空间、色彩和灯光的合理安排来展示陈列的艺术品。在界面设计上要求墙面简洁平整，局部一般设壁龛或隔断来分隔空间，顶棚力求满足设备使用功能。一般画廊还设有休息空间，便于参观者交流，同时便于商业洽谈。

展示行业的发展离不开社会经济的发展和文明的进步，人们普遍了解的展示更多的是作为一种手段和媒介向人们展现不同时期的物质文化风貌。近年来，伴随着我国经济快速发展，各类博览会、商品交易会、展览展示活动层出不穷，各行各业都以此作为主要推广和拓展手段，既有效地促进了业内的信息交流和传递，又极大地促进了展示空间设计专业的迅猛发展。

展示空间与生活息息相关，它能够展现出相关主题的一系列的作品，从而加深参观者对展品的了解。因此，在参观者参观展览区时，若能够运用有吸引力的视觉语言将展品呈现，则会很容易抓住参观者的眼球，以达到突出展示空间主题的目的。

一个优秀的展示空间设计作品更能够良好地搭建起参观者与展品的互动渠道，并衬托出展品的精神理念和文化内涵。可以说，展示空间设计一方面沟通着艺术，另一方面触碰着商业，是一个可以将美直接表现给大众，提升空间艺术魅力的专业，它发挥了其他艺术形式不可替代的作用。

此汽车展示空间的内部设计浑然一体，重复特殊造型立柱，自下而上的设计使整个空间的体量感显得更加宏大，结合展台设计能很好地映衬出所展示汽车的绚丽效果，顶棚的设计简洁又有动感，巧妙地与立柱结合在一起。整个设计突出了现代感。

纸　张：硫酸纸／复印纸
工　具：绘图笔／滚珠笔

平面示意图

纸　张：硫酸纸／复印纸
工　具：绘图笔／滚珠笔、酒精马克笔、
　　　　水溶彩色铅笔、高光笔

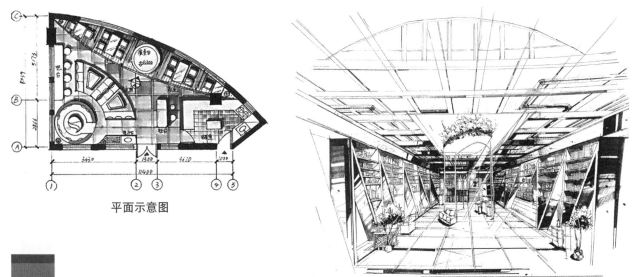

平面示意图

纸 张：硫酸纸／复印纸
工 具：绘图笔／滚珠笔

　　本方案设计以弧线形为设计灵感，无论是空间布局还是整体效果都以圆弧为主，使室内空间充满自由流动的氛围。中庭以一个玻璃圆柱为支撑，圆柱上方种植绿植，一方面与镂空的顶棚相呼应，另一方面对室内空间起到良好的点缀作用，顶棚与地面选取现代主义常用的清水混凝土材质，中间搭配原木书架与各类绿植，形成强烈的冷暖对比，突出了生态材质在室内空间的视觉冲击力。

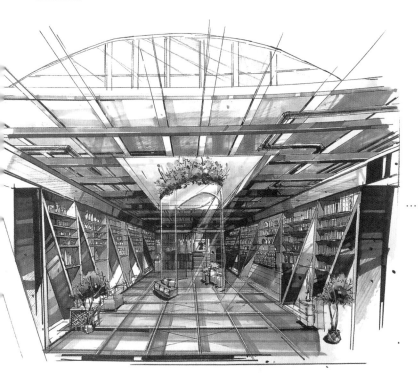

纸 张：硫酸纸／复印纸
工 具：绘图笔／滚珠笔、水性马克笔、水溶彩色铅笔、高光笔

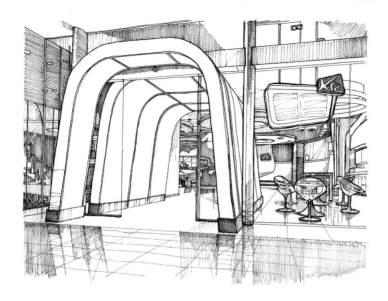

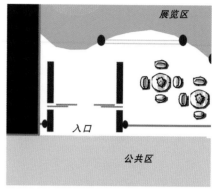

平面示意图

纸 张：硫酸纸／复印纸
工 具：绘图笔／滚珠笔

此展示空间旨在营造一
种现代时尚的感觉。透明的
玻璃墙面加上装饰性很强的
白色铝质的大门，使整个空
间的动感与体量感展现在一
起，与空间外的地面也能互
相影响，内外空间之间很好
地融合在一起。采用反光的
材料和色彩使展示空间产生
明快和超越时空的效果。

纸 张：硫酸纸／复印纸
工 具：绘 图 笔／滚 珠
笔、酒精马克
笔、水性马克
笔、水溶彩色铅
笔、高光笔

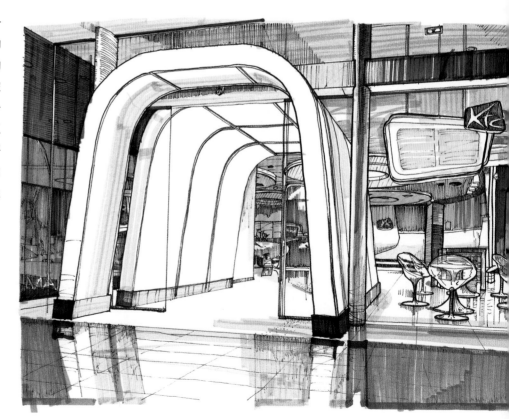

纸　张：硫酸纸／复印纸
工　具：绘图笔／滚珠笔、
　　　　酒精马克笔、水
　　　　溶彩色铅笔

此空间是茶文化展览馆，设计师以多元化表现形式展示内涵丰富的茶文化。"茶马古道"展厅中，主要以实景模拟及雕塑的形式再现"茶马古道"的恢弘。在现代茶叶加工展示厅，设置造型雕塑，用来陈列现代茶叶加工机器。雕塑的造型为一页展开的《茶经》长卷，现代制茶机器陈列其中，生动地再现茶叶加工流程。色彩方面运用灰色的石板地面和暗红色的木质墙面，突出茶文化的历史久远。

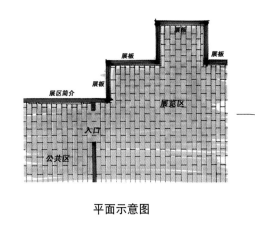

平面示意图

纸　张：硫酸纸／复印纸
工　具：绘图笔／滚珠笔

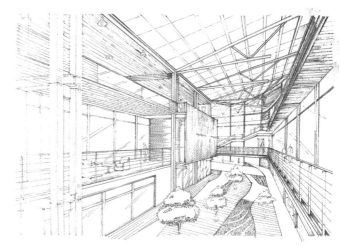

平面示意图

纸 张：硫酸纸／复印纸
工 具：绘图笔／滚珠笔

方案采用现代主义的建筑手法，以大面积的钢筋玻璃为主要材质，既有极强的现代感，又在空间利用率上做到了最大化的处理，蓝紫色调的搭配运用带给空间无限的梦幻感，光影斑驳，令人沉醉其间。建筑的内部空间运用了大量的生态木，给冰冷的室内空间带来了更多的生机，使人产生亲切之感。

纸 张：硫酸纸／复印纸
工 具：绘图笔／滚珠笔、酒精马克笔、水溶彩色铅笔

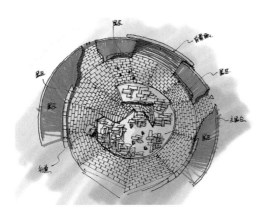

平面示意图

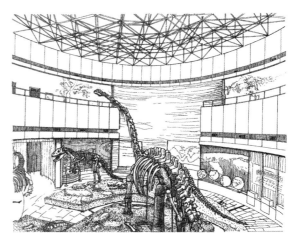

纸 张：硫酸纸／复印纸
工 具：绘图笔／滚珠笔

这是一个大型的自然博物馆的展示空间，巨型恐龙骨骼框架的展览空间中，地面的环境装饰模拟再现展品的生存环境，巨大的玻璃天窗使整个空间明亮简洁，而展品本身的结构形态也能更好地得到展现。

纸 张：硫酸纸／复印纸
工 具：绘图笔／滚珠笔、水性马
克笔、水溶彩色铅笔、高
光笔

23

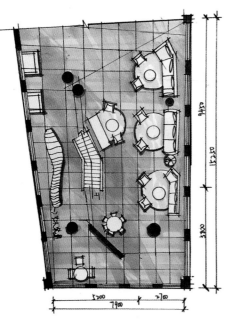

纸　张：硫酸纸／复印纸
工　具：绘图笔／滚珠笔

平面示意图

纸　张：硫酸纸／复印纸
工　具：绘图笔／滚珠笔、酒精马克
　　　　笔、水溶彩色铅笔、高光笔

重庆中央公园艺术中心的设计采用了传统与现代相结合的设计手法，仅仅在地面部分便采用大理石、木地板、地毯等多种材质，令空间既充满现代感，又不会有现代主义过分冰冷的感觉。大面积的落地玻璃窗既给室内带来了良好的采光，又给参观者带来了极好的视野，窗外中央公园的景色尽收眼底，美不胜收。

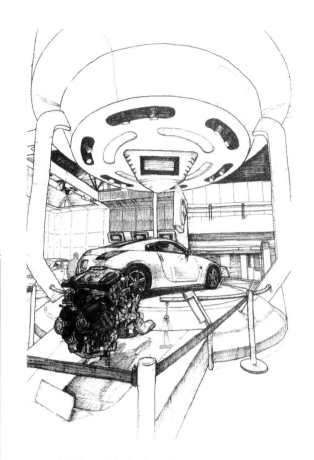

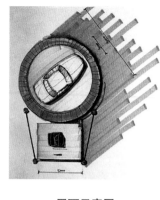

平面示意图

纸 张：硫酸纸／复印纸
工 具：绘图笔／滚珠笔

　　此空间为汽车展示空间，车身展示与发动机结合
在一起，配以高耸的机械扁柱，使机械的美感发挥到
极致。圆形的底盘上是一款豪华的跑车，顶棚的超现
实设计手法好像使人置身于外太空，黑白强烈的对比
突出了展品本身的科技感。

纸 张：硫酸纸／复印纸
工 具：绘图笔／滚珠笔、酒精马克笔、
　　　　水溶彩色铅笔、高光笔

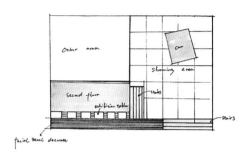

平面示意图

纸　张：硫酸纸/复印纸
工　具：绘图笔/滚珠笔

此空间为某品牌车的越野车系列的展示空间，线条的装饰展现了一种动感，与汽车急驰的速度匹配。巨大的标志也是一种吸引力，使得爱车之人无法对其视而不见。标志的主体分割很好地划分了空间，更好地展现了展厅中汽车的材质和做工。

纸　张：硫酸纸/复印纸
工　具：绘图笔/滚珠笔、酒精马克笔、水溶彩色铅笔

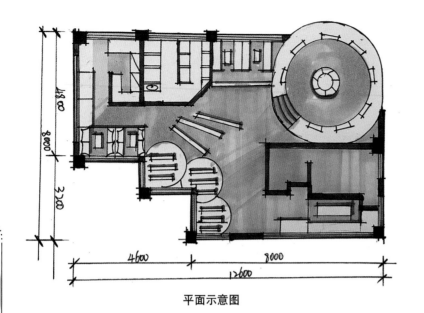

该画廊采用完全有机的设计手法，无论是藤蔓的缠绕还是弧形的家具都给空间带来了极其丰富的视觉元素，参观者身处其中犹如穿梭在原始森林与原始的洞窟之中。起到支撑作用的清水混凝土材质深沉而凝重，是艺术品展出时最好的背景。通体素雅的色调简洁干净、贴近自然，低调素雅而不喧哗。

18800
8000
3200

4600
8000
12600

平面示意图

纸 张：硫酸纸／复印纸
工 具：绘图笔／滚珠笔

纸 张：硫酸纸／复印纸
工 具：绘图笔／滚珠笔

纸 张：硫酸纸／复印纸
工 具：绘图笔／滚珠笔、酒精马克笔、水溶彩色铅笔

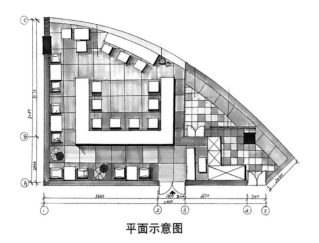

平面示意图

本案采用新古典的设计风格，将传统中国元素通过新型材料进行重塑，简化的纸灯、拉长变形的屏风与圆桌、圆凳的合理搭配，打造了极具中式氛围的现代室内空间。空间采用高级灰为主要色调，乳白色衬托深色家具优雅动人，极富东方高雅素洁的魅力。

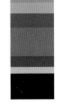

纸 张：硫酸纸／复印纸
工 具：绘图笔／滚珠笔、酒精马克笔、水性马克笔、水溶彩色铅笔、高光笔

展示空间

平面示意图

此电子产品展示空间营造了一种个性化的空间氛围，透过玻璃门可以看到空间内部的一切，也激发了人们的兴趣。内部装饰的搭配显示出整个空间的艺术个性，而展品的摆放更起到了划分空间的功能。空间设计明亮，具有现代感。

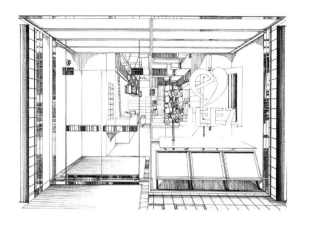

纸　张：硫酸纸／复印纸
工　具：绘图笔／滚珠笔

纸　张：硫酸纸／复印纸
工　具：绘图笔／滚珠笔、酒精马克笔、水溶彩色铅笔、高光笔

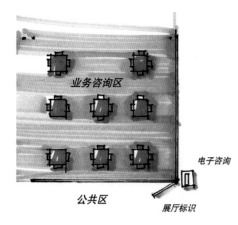

业务咨询区

公共区

电子咨询

展厅标识

平面示意图

此展示空间的设计能立刻吸引人们的视线，几何形的网状钢架，加上重复的白色方块形体构成了一个完整的装饰空间，显得很大气也富有节奏感，而标志字母的加入则增添了活力，以及整个展示空间的个性。

纸 张： 硫酸纸／复印纸
工 具： 绘图笔／滚珠笔

工 具：绘图笔／滚珠笔、
酒精马克笔、水溶
彩色铅笔、高光笔

33

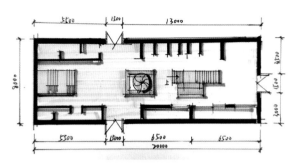

平面示意图

该展厅通过隔断对空间进行划分，采用钢材、玻璃和木材作为主要材质。以多样化的流线设计丰富参观者的观展体验，让人们在观展的同时也能与展品之间产生互动，同时配套布置休息座椅，满足人们休息的需求。搭配绿植进行点缀，活跃空间氛围，打破钢材和玻璃带来的冰冷之感。

纸 张：硫酸纸／复印纸
工 具：绘图笔／滚珠笔

纸 张：硫酸纸／复印纸
工 具：绘图笔／滚珠笔、酒精马克笔、水性马克笔、水溶彩色铅笔、高光笔

办公空间的使用时长仅次于居住空间，每天占据我们近1/3的时间。现代化的办公空间要求专业化程度较高，包含舒适性、端庄性和高效性等多方面要求。如大型公司和大型现代化办公机构（如政府机构）的办公空间布局，要使用适当柔化室内环境的处理手法来调节办公人员的环境心理，同时依据其功能、办公人员的组成、整体办公环境的风格和该公司（或组织）的目标来加以协调，并配备相应的智能设备。一般来讲，现代办公空间主要由接待区、会议室、总经理办公室、财务室、员工办公区、机房、贮藏室、茶水间、休息室等几个部分组成。

⊙接待区是办公空间中最重要的空间之一，是现代办公空间室内设计的重点，它主要由接待台、企业标志、等待区等部分组成。其空间设计既要满足接待需求又要反映企业的行业特征和管理文化。

⊙会议室也是现代办公空间室内设计的重点。一般来说，每个企业都至少有一个独立的主要用于接待客户和企业内部员工培训会议的空间。会议室中应包括会议桌椅、饮用水、白板（屏幕）等设备。有的还配有自动转印设备、电动投影设备等。

⊙总经理办公室要反映总经理的一些个人爱好和品位，同时要能反映一些企业文化特征，因此设计时也是一个重点。一般由会客（休息）区和办公区两部分组成。会客区由小会议桌、沙发、茶几组成，办公区由书柜、办公桌、办公椅、客人椅组成。

⊙财务室是企业的经济命脉区，在财务室里会涉及线上线下的经济交易，因此财务室里的办公设备要具有很强的安全性，常设有现金保险柜、刷卡机、点钞机、验钞机等。

办公空间具有很强的时代性，新行业、新技术、新的办公模式的诞生，与之配套的办公空间也会随之发生改变。根据仲量联行（JLL）近期的调查显示，到2030年30%的商业办公空间将作为"灵活空间"使用。由于传统办公空间布局模式的固化、强调等级的空间序列方式及缺少对员工人性化的关怀等问题，以2005年在美国首次提出的联合办公空间（co-work space）为主的新型办公空间正逐渐进入大众的视野中，这种新型的开放办公空间具有多样化、智能化、共享化、人性化等优点，更符合现代中小企业的工作模式和所有使用人群的感受。

此外，联合办公在空间布局上更为有趣，空间氛围是以愉悦、包容等精神为主。我国早期的联合办公空间以优客工场和We Work为代表，这些新型的联合办公空间具有"灵活化的办公单元"和"办公空间的'暧昧'化"的特点：采用缩小个人办公空间、功能复合、模块化等方式，以可移动变换的空间模块、室内空间色彩、材料等多个方面来调整办公空间的灵活性，在保证使用者的领域感的前提下，在办公空间开放化、边界模糊化，高效使用的同时降低成本。

1 萨金特，王欣欣.联合办公解析 [J].世界建筑，2018（03）：10-17.

整体办公环境的风格应根据公司或组织的目标来加以协调，选用灵活可变的、模糊型的办公空间划分具有较好的适应性。因此自动贩卖机被安置在一个钢制板条隔间的后方，并喷涂为经典的汽车色彩。这里不仅有法拉利的鲜红色，还有杜卡迪的黄色、谢尔比·卡罗尔的蓝色、奔驰的银色、捷豹的绿色、兰博基尼的橙色，以及福特的碧绿色。五彩斑斓的色彩和异型吊顶使空间在横向和纵向均得到了延伸。有限的空间提供了无限的视觉感受，大块玻璃的使用更增强了整体空间的通透感。其橘色条纹从白色顶部（可丽耐人造石材料饰面）蜿蜒而下，而一些如"火柴盒般"飞驰的汽车模型却停靠在空间的另一端。

平面示意图

纸 张：硫酸纸／复印纸
工 具：绘图笔／滚珠笔

纸 张：硫酸纸／复印纸
工 具：绘图笔／滚珠笔、
　　　酒精马克笔、水
　　　溶彩色铅笔、高
　　　光笔

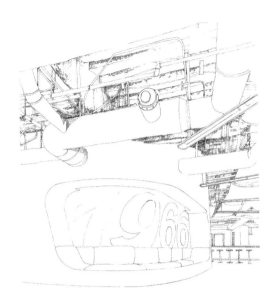

纸　张：硫酸纸／复印纸
工　具：绘图笔／滚珠笔

纸　张：硫酸纸／复印纸
工　具：绘图笔／滚珠笔、酒精马克笔、
　　　　水溶彩色铅笔

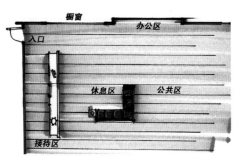

平面示意图

纸　张：硫酸纸／复印纸
工　具：绘图笔／滚珠笔

这一办公空间的门厅设计色彩缤纷而独特，能够充分体验出广告公司充满创造性和活力的工作环境。使用的面板材料十分和谐，能够反映出建筑的最初用途。对满怀历史记忆的传统建筑进行了充满想象力的再次利用，在铭记过去的同时也反映了未来。

纸　张：硫酸纸／复印纸
工　具：绘图笔／滚珠笔、酒精马克笔、水溶彩色铅笔、高光笔

纸　张：硫酸纸／复印纸
工　具：绘图笔／滚珠笔

平面示意图

纸　张：硫酸纸／复印纸
工　具：绘图笔／滚珠笔、酒精马克笔

　　开阔高耸的空间暴露原建筑顶棚的同时，为满足功能而做局部吊顶，让人浮想联翩的背景墙、简约现代流线形的沙发，使整个空间与众不同。色彩使用年轻时尚，这里将成为年轻人发挥想象的地方。整体空间在纵向和横向均得到延伸。

小公间

40

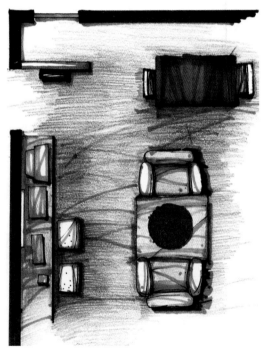

平面示意图

　　该空间为个人工作室里的一个休息空间。原建筑的梁柱保留原样，突出建筑的空间结构，加宽柱子做的景观空间增加了空间的动感。注重整体环境和色调的把握，选用黑色的背景使空间整体色调更加稳重，同时又通过照明给空间注入了活跃气氛。

纸　张：硫酸纸／复印纸
工　具：绘图笔／滚珠笔

纸 张：硫酸纸／复
　　　印纸

工 具：绘图笔／滚
　　　珠笔、酒精
　　　马克笔

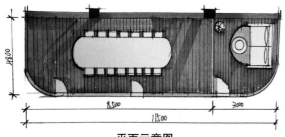

平面示意图

这是一个位于城市中心的办公室，中性色和天然材料主导了室内空间。顶棚被漆成黑色，以中和室内丰富的细节及装置。漂亮的山毛榉墙壁为这个工作空间带来温暖的感觉。入口处的木墙同时也是一块大型磁力板，访客和员工可以用不同形状和颜色的磁铁制作图形和信息，方便更新欢迎讯息。

纸 张：硫酸纸／复印纸
工 具：绘图笔／滚珠笔、酒精马克笔、水性马克笔、水溶彩色铅笔、高光笔

平面示意图

纸 张：硫酸纸／复印纸
工 具：绘图笔／滚珠笔

纸 张：硫酸纸／复印纸
工 具：绘图笔／滚珠笔、酒精马克笔、水溶彩色铅笔、高光笔

该办公空间接待空间中每一处都充满设计创意，功能区域划分明确合理，同时使用大量几何元素增添了空间的情趣。地面是原来的木地板刷黑色，钢架结构在这里凸显，老建筑的砖木结构裸露，淋漓尽致地体现了公司高效快速的运营机制。整个空间仿佛是设计师把这个老建筑的时光在空间里随意地雕凿了几下。

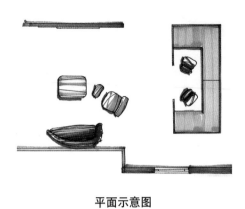

平面示意图

充满创意的电台办公会客厅，墙面和地面出乎意料地少用直线，这使得空间设计既时髦又恰如其分。椭圆形的吊顶增强了空间的进深感。家具采用现代时尚的红色沙发，提升了空间的层次与情趣，能够满足不同阶层人士的精神需求。居室化的家具选用为办公空间增添了温馨浪漫的感觉。

纸 张：硫酸纸／复印纸
工 具：绘图笔／滚珠笔

纸 张：硫酸纸／复印纸
工 具：绘图笔／滚珠笔、酒精马克笔、水溶彩色铅笔、高光笔

44

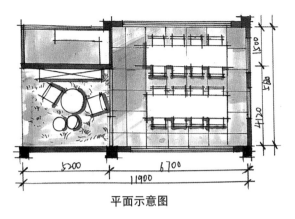

平面示意图

此空间为位于研发中心的办公空间，采用开放式会议区，并分布在每一个团队办公套间外部，技术设备、白板和形形色色的家具等一应俱全。这些开放式会议区和个人工作室不属于任何特定团队，它的地位就如同主要通道上的门廊，任何人有需要都可随时前往使用，独享片刻宁静沉思。

纸 张：硫酸纸／复印纸
工 具：绘图笔／滚珠笔、酒精马克笔、水性马克笔、水溶彩色铅笔、高光笔

置身于该办公空间，使人们似乎回到了工业化的时代。钢架结构的顶棚，体现一种理性高效的思维方式。空间布局合理，直线与曲线并存于同一个空间。墨绿色的塑料地板使空间显得更加沉稳，木材、不锈钢并用，色彩明快，在对比中透露和谐。家具的选用独特而新颖，整个空间处处都被精心设计过。

纸 张： 硫酸纸／复印纸
工 具： 绘图笔／滚珠笔

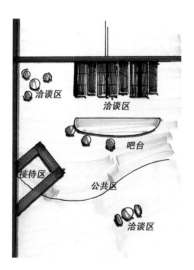

平面示意图

纸 张： 硫酸纸／复印纸
工 具： 绘图笔／滚珠笔、酒精马克笔、
水溶彩色铅笔、高光笔

此空间为办公空间的过渡空间——走廊，保留原建筑的梁柱，在节省造价的同时又有现代感。墙面地面都选用素色石材作为主要的装饰材料，使整体空间更加冷静。选用灰白的高雅色调体现出办公空间的严谨。

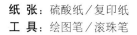

纸 张：硫酸纸／复印纸
工 具：绘图笔／滚珠笔

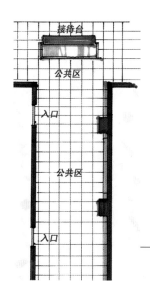

平面示意图

纸 张：硫酸纸／复印纸
工 具：绘图笔／滚珠笔、酒精马克笔、水溶彩色铅笔、高光笔

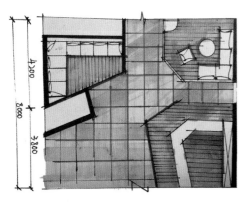

平面示意图

这是一家商业银行的办公空间，采用缤纷绚丽的色彩和创意性的饰面材料(纹理混凝土、造型木饰面、冲孔金属板、各种玻璃)，使得空间洋溢着青春活力。室内的墙体既可作为装饰，又具有实用功能，以及激励功能。对外为客户提供方便的金融服务，对内为员工打造一个充满激情的工作氛围。

纸　张：硫酸纸／复印纸
工　具：绘图笔／滚珠笔、酒精马克笔、水性马克笔、水溶彩色铅笔、高光笔

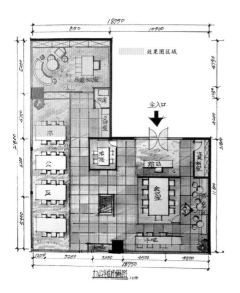

平面示意图

纸 张：硫酸纸／复印纸
工 具：绘图笔／滚珠笔

此案以简约明快的设计手法优化空间布局，为IT互联网企业打造了一个高效整洁、开放自由且充满通透感的U形办公空间。接待前台与沙发休闲区、露台一笔相连，优越的面宽和自然采光，令其显得明亮宽敞。开放式办公区流动着交流、互助、融合的气质与充沛的阳光，为员工营造出专注高效且舒适健康的办公环境。

纸 张：硫酸纸／复印纸
工 具：绘图笔／滚珠笔、酒精马克笔、水溶彩色铅笔、高光笔

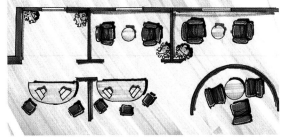

纸 张：硫酸纸／复印纸
工 具：绘图笔／滚珠笔

平面示意图

　　弧形的正红色隔断墙设计成为该空间的一大特色，摆脱了以往的冷色调办公空间的传统空间观念。布局简单、合理有致。不规则的弧形隔断为空间增加了情趣，黄色的工作台更利于激发员工的工作热情。

纸 张：硫酸纸／
　　　复印纸
工 具：绘图笔／
　　　滚珠笔、
　　　酒精马克
　　　笔、水溶
　　　彩色铅笔、
　　　高光笔

纸　张：硫酸纸／复印纸
工　具：绘图笔／滚珠
笔、酒精马克
笔、水溶彩色铅
笔、高光笔

　　该空间为整齐有序的办公空间，采用玻璃隔断作为
每个工作位的分隔，明亮的黄色长沙发和沙发座椅，既
打破了以往办公空间传统、沉闷的格局，同时流露出青
春与活力。采用石膏板吊顶，简约中不失大气。

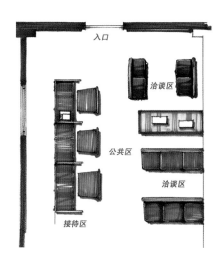

平面示意图

纸　张：硫酸纸／复印纸
工　具：绘图笔／滚珠笔

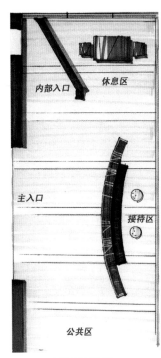

内部入口   休息区

主入口

接待区

公共区

平面示意图

该空间在空间划分上具有鲜明的导向性，简洁的接待台采用大红的主色调，产生强烈的视觉效果，强调了空间的重点。玻璃隔断墙使内部空间通灵剔透，现代感很强。

纸 张：硫酸纸／复印纸
工 具：绘图笔／滚珠笔

纸 张：硫酸纸／复印纸
工 具：绘图笔／滚珠
　　　笔、酒精马克
　　　笔、水溶彩色
　　　铅笔、高光笔

该空间以蓝和灰色作为主色调，是一个充满冷静与理智的办公空间。以一系列的办公桌椅作为划分空间的单元，布局合理有致，充满秩序感。开敞的顶棚设计使空间更加高耸、开阔。

纸 张：硫酸纸／复印纸
工 具：绘图笔／滚珠笔

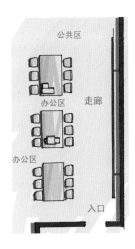

平面示意图

纸 张：硫酸纸／复印纸
工 具：绘图笔／滚珠笔、酒精马
克笔、水溶彩色铅笔

该空间为圆形玻璃会议室，简洁大方，外墙采用玻璃幕墙为室内提供了良好的采光。圆形的平面布局使空间显得更加宽敞，与顶面的圆顶吊顶设计遥相呼应。

纸　张：硫酸纸／复印纸
工　具：绘图笔／滚珠笔

会议室

平面示意图

纸　张：硫酸纸／复印纸
工　具：绘图笔／滚珠笔、酒精马克笔、水溶彩色铅笔、高光笔

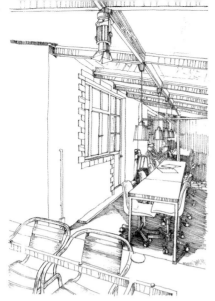

该空间设计简洁却充满了艺术家的气息，从色彩、灯具和家具的选用，墙面的局部装饰等方面体现出了独特原始的设计风范。独特中透露着简朴，简朴中体现着设计师的活跃思维。整体色彩在对立与统一中体现出和谐。不锈钢架玻璃桌椅和木质的桌椅形成对比。

纸　张：硫酸纸／复印纸
工　具：绘图笔／滚珠笔

平面示意图

纸　张：硫酸纸／复印纸
工　具：绘图笔／滚珠笔、酒精马克笔、水溶彩色铅笔、高光笔

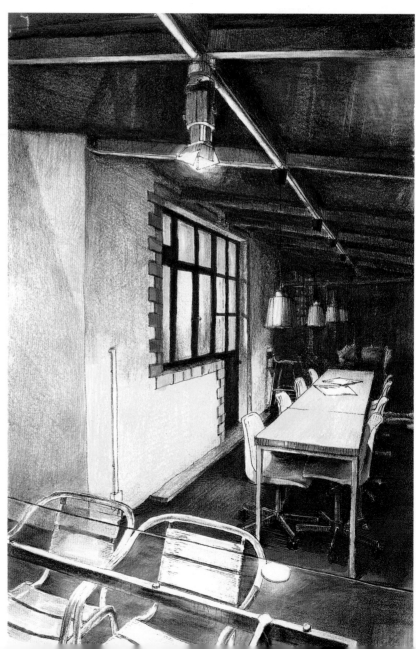

娱乐空间是人们进行公共娱乐的场所，狭义上来说娱乐空间指的是单纯的休闲娱乐活动场所，例如歌舞厅、洗浴中心、健身中心、美容美发中心、棋牌室、游戏厅等；广义的休闲娱乐空间是指能提供有关设施、服务或产品来满足各种休闲娱乐或服务经营活动需求的场所，例如酒吧、夜店、茶馆、咖啡厅等。这类空间一般是室内设计师比较喜欢参与的一种空间类型，因为它有较大的自由度，便于设计师发挥自己的个人特点。设计中要充分做好娱乐空间的流线设计，最大可能地发挥其娱乐功能。同时，这类空间在功能需求、装饰风格、服务方式、经营理念等方面都有明显的区别，要根据空间的不同需求选用不同材料，以满足空间的特殊功能。

⊙歌舞厅是一种常见的娱乐空间，大体包括普通歌舞厅、迪斯科舞厅、夜总会等几种形式，室内装饰风格多样。设计时要处理好空间的流线关系，特别是舞池、舞台、吧台、休息座、KTV包房、音控室、化妆室和卫生间等的空间关系。功能分区上要明确，视觉重点一般都围绕着舞台突出空间的主题，从而达到欢快、活泼的动态氛围。其中灯光、色彩的处理重点是突出在暗光源下的效果，材料的选用也要考虑减少噪声。

⊙洗浴中心是人们娱乐、交友、休闲的地方。一般来讲，洗浴中心的经营范围包括洗浴、美容、健身、休闲、餐饮等内容。洗浴中心一般设有桑拿、足道、健身、药浴及水疗等不同特色的服务。设计从功能上按照顾客活动流程的先后，设置设备间和不同功能分区。主要分为洗浴区和休息区，一般同时设有游泳池。洗浴区、游泳区和休息区在设计选材方面偏重于使用功能，设计中要选择防滑的地面材料，还要选防潮易清洁的其他材料，同时要巧妙地处理色彩、灯光、背景音乐、陈设、植物等的关系，力求塑造一个整体风格统一的空间氛围。休息区经常还设有美容、按摩、视听室等。

⊙健身中心和洗浴中心的设计有很多相似之处，在功能安排及设计中都有许多相同点。健身中心也大都设有休息区、洗浴区、健身区，但是设计分区的比例不同，更侧重于健身区部分。色彩多明快简洁，材料多选用中档材料。

⊙娱乐中心和洗浴中心、健身中心一样，基本涵盖了洗浴中心、健身中心的所有娱乐项目，同时可以利用地域特色增添一些娱乐性，设计上要考虑更多的娱乐特色。材料、色彩的选用可以更加多样性，以满足设计风格和空间的多样性。

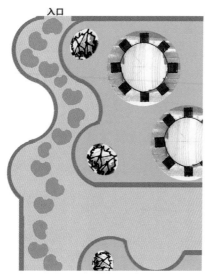

入口

平面示意图

该空间设计属于回归自然派，充分利用植物形态，将大自然气息引入室内，空间的柱子、座凳、窗户的造型均采用海底植物的抽象形态。色彩的使用更加强化了这一理念。

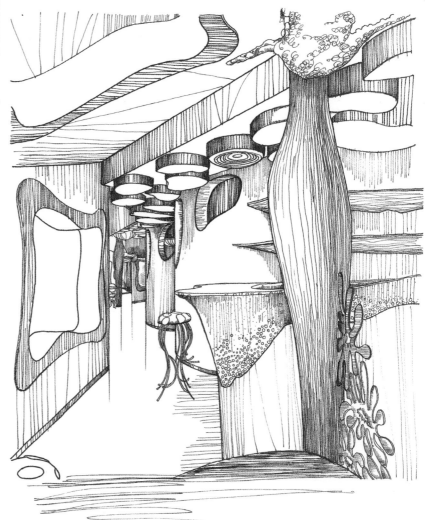

纸 张：硫酸纸／复印纸
工 具：绘图笔／滚珠笔

58

纸 张：硫酸纸／复
印纸
工 具：绘图笔／滚
珠笔、酒精
马克笔、水
溶彩色铅笔

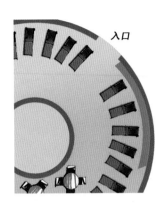

入口

平面示意图

纸　张：硫酸纸／复印纸
工　具：绘图笔／滚珠笔

该空间为健身娱乐空间，采用弧形的平面布局，不仅使空间更
加灵动，还提供了广阔的活动空间。吊顶的造型呈对应的辐射状，
为空间注入了动感与活力。整体色彩轻盈通透。

纸　张：硫酸纸／复印纸
工　具：绘图笔／滚珠笔、酒精马克
　　　　笔、水溶彩色铅笔、高光笔

该空间是一个娱乐空间中的酒吧，弧线形的吊顶设计引人入胜，造型夸张而充满趣味。弧形的吧台设计与吊顶遥相呼应。拼色地砖的选用使空间充满了灵动与欢快。整体色调和谐统一，素雅平静。材料选用玻璃、不锈钢，同时配合一些局部墙面的明亮色彩装饰，使空间极具现代感。

纸 张：硫酸纸／复印纸
工 具：绘图笔／滚珠笔

平面示意图

纸 张：硫酸纸／复印纸
工 具：绘图笔／滚珠笔、酒精马克笔、水溶彩色铅笔

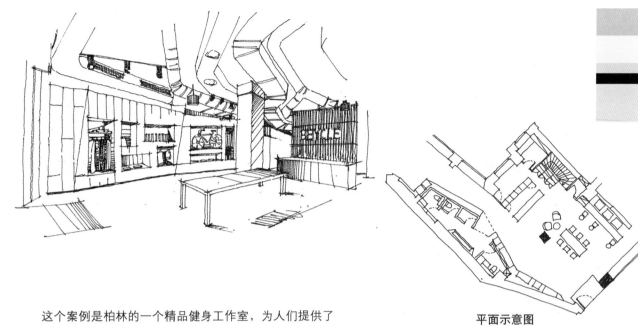

平面示意图

这个案例是柏林的一个精品健身工作室，为人们提供了"高能耗"的动感单车课程，配备高科技的自行车设备，现场选取的音乐也打造了一种动感的氛围。健身工作室专注于培养品牌独特的个性并为客户提供私人的服务。工作室为追求健康都市生活的人群提供了健身的场所，同时也是一个培养审美情趣的空间。

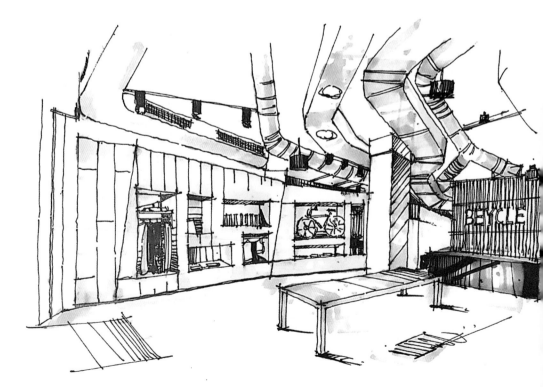

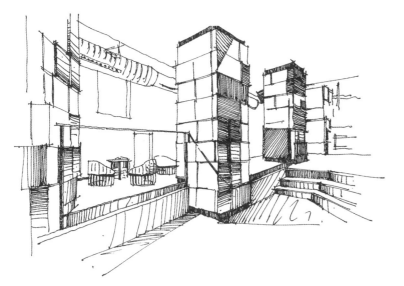

可编程的LED灯光方案为立柱、墙壁和酒架等静止的结构带来了动态的元素，并且可以随着酒吧内播放的音乐在室内投射光影，从而与人们的活动形成呼应。通过对空间施以重复、挤压和削减的动作，设计师为原本规则的四边形场地赋予了新的特性以及丰富的光影，从而使空间变得更加精致有趣。错落的石砌墙壁贯穿了空间的纵深，作为设计中的基础元素，为空间带来质感与活力。可编程的LED像素灯带在石墙上形成不连续的分割线，在体量上投射出独特的光影。

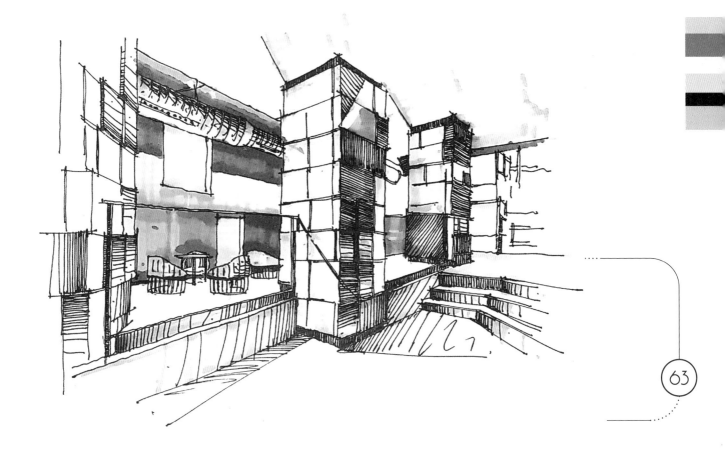

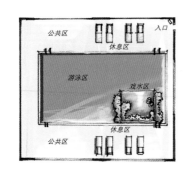

平面示意图

该空间为健身空间中的游泳池，高高架起的斜坡屋顶使整个健身空间更加开阔，空间气息与水的灵动融合在一起。拱形墙面的设计取得了极佳的视觉效果。纯度很高的蓝色和黄色的对比关系使整个水环境更充满灵气。

纸 张：硫酸纸／复印纸
工 具：绘图笔／滚珠笔

纸 张：硫酸纸／复印纸
工 具：绘图笔／滚珠笔、酒精马克笔、水溶彩色铅笔

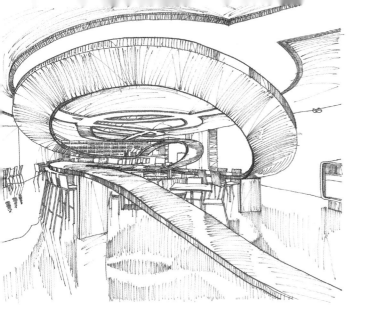

纸　张：硫酸纸／复印纸
工　具：绘图笔／滚珠笔

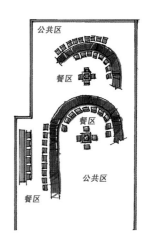

平面示意图

纸　张：硫酸纸／复印纸
工　具：绘图笔／滚珠笔、酒精马克笔、水溶彩色铅笔、高光笔

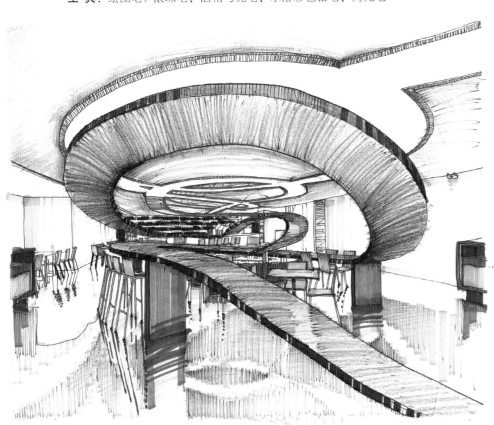

该娱乐空间设计将顶棚和地面空间的界限模糊化，中心螺旋状的空间造型延伸至吧台，整个空间从凝聚中得到延伸，人们容易在这里产生联想，心情得到释放。红色的选用富有生机，整体空间伴随旋转的造型充满着无限活力。

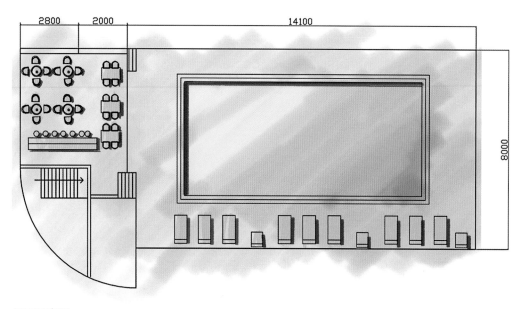

2800　2000　14100　8000

平面示意图

该游泳馆的空间采用钢架结构，增强了内部空间的体量感。同时圆形拱顶的使用使空间更为开阔，大面积的玻璃天窗使空间通透、灵动，与室外环境遥相呼应。色彩选用明快简洁。

纸　张：硫酸纸／复印纸
工　具：绘图笔／滚珠笔

纸 张：硫酸纸／复印纸
工 具：绘图笔／滚珠笔、酒精马克笔、水溶彩色铅笔、高光笔

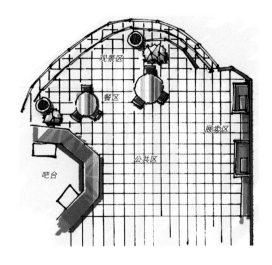

平面示意图

该空间为电影放映空间的休息厅，开阔敞亮。圆形吊顶和圆柱的使用相互呼应，大面积玻璃框架结构的使用为室内提供了适宜的光线，同时提供了很好的视野，使室内外环境融为一体。顶棚采用充满神秘感的紫色令来到这里的观众充满新奇感，巨幅海报的点缀使空间更为活跃。

纸 张：硫酸纸／复印纸
工 具：绘图笔／滚珠笔

纸 张：硫酸纸／复印纸
工 具：绘图笔／滚珠笔、酒精马克笔、水溶彩色铅笔

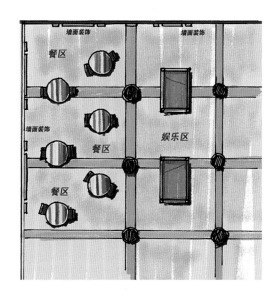

该娱乐空间为古典风格。步入该空间，米黄色大理石的柱子似乎扮演了该空间的主角。从柱脚到柱头、墙角的细枝末节处均采用西方古典建筑的装饰手法。色彩的使用使空间扑朔迷离，蓝紫色更增添了空间的情趣。

平面示意图

纸 张：硫酸纸／复印纸
工 具：绘图笔／滚珠笔

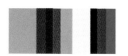

纸　张：硫酸纸／复印纸
工　具：绘图笔／滚珠笔、酒精马克笔、水溶彩色铅笔、高光笔

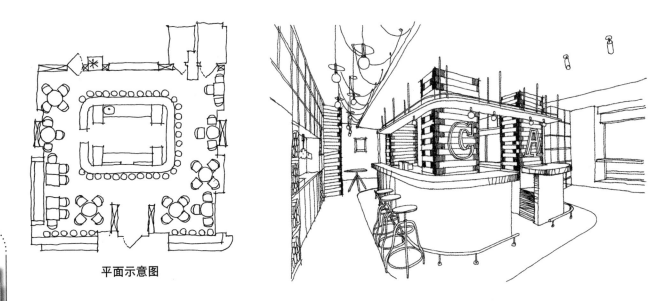

平面示意图

设计师未使用隔板或墙壁划分空间，而采用了彩色的变化、瓷砖的颜色、垂饰灯的款式、餐桌的高低等方式来分隔，每一个区域设计中添加了显著的差异，让人仿佛置身于西班牙街道或小径。白天有年轻的客人造访，入夜有夜生活人群集聚，这里成了一个相互适应的空间。

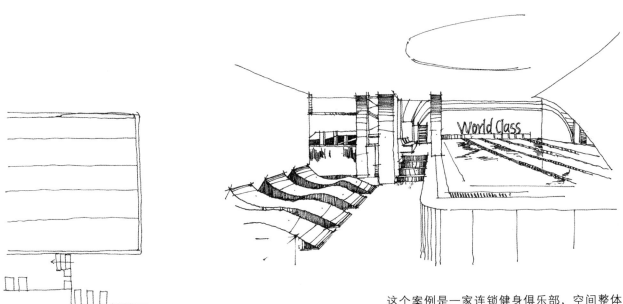

这个案例是一家连锁健身俱乐部，空间整体高端、奢华，充满现代感，为运动爱好者、健身爱好者提供了一个舒适、专注的健身场所。

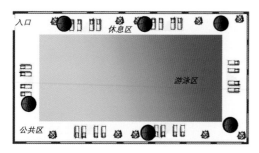

平面示意图

该空间的游泳池的设计具有田园般的诗情画意，清新的空气荡漾在这里的角角落落。大面积的玻璃顶棚使整体空间更加剔透，与游泳池水面相映成趣。室内外的绿色植物为空间注入了生机与活力。

纸 张：硫酸纸／复印纸
工 具：绘图笔／滚珠笔

纸 张：硫酸纸／复印纸
工 具：绘图笔／滚珠笔、酒精马克笔、水溶彩色铅笔

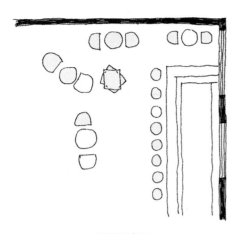

平面示意图

社交俱乐部白天是提供餐饮服务的餐厅，晚上会举行各种活动和音乐会。为了满足不同的活动，相应的设备比如顶棚的吸声板、大量有吸声作用的窗帘都很好地服务于功能。空间的视觉焦点被牢牢吸引在灯光明亮的吧台附近。

医疗设施空间包括的范围很广，从相对简单的医生办公室到相当复杂的现代化综合性医院，它们都面临一个共同的问题，那就是它们服务的用户群体的要求各不相同，有时甚至会相互抵触。这些群体包括医生、护士和工作人员、管理人员，以及病人、陪伴人员、来访者和贸易人员等。医疗办公室的基本单元包括接待桌、等待区域、诊断室、检查和治疗室、档案室以及洗手间和贮藏室等。医疗设施空间环境会直接强烈影响病人或陪伴人员的情绪，虽然医术比空间环境更重要，但是良好的医疗设施空间设计能增强医生的自信，调节病人的情绪。医疗设施空间设计需要注意的问题是，要解决有大量人流共用的通道与所占面积之间的矛盾，同时要了解人流的行动安排和就诊、治疗、住院各空间各诊室之间的关系，合理地安排各空间之间的功能关系。

医疗设施空间内部各功能区域的布局往往和医院的运营方式和各个科室的诊疗要求有着密切的关系，它也成为医疗设施空间布局不断变化的根本原因。一般来讲，它主要包括：

⊙门诊部：其设计取决于挂号、收费的方式，预约的普及程度；候诊的形式（一次候诊或多次候诊）；追求医患分流的交通组织形式，还是保证诊室的自然采光、自然通风；特需门诊及专家会诊中心模式的选择。

⊙急诊、急救中心：需关注急诊、急救两者功能的分离；绿色生命通道的设置；急诊救治的未来发展模式。

⊙住院部：设计重点在于护理单元的合理床位数的规模，单床间、双床间、多床间的设置比例；护士、医生工作站的位置、功能的确定；各功能流线的垂直交通组织方式，病患、家属的交流空间等。

⊙手术中心：设计要点为手术中心位置的确定；手术室数量、规格、标准的选定；手术中心平面布置形式的选择（外周回收型、外周供应型、中央洁净型、中央供应型等）；手术中心与日间手术、微创手术的区域整合；大型手术室与重要医技设备（MRI 等）的组合等。

在医疗空间设计中提倡的是手术中心与急诊以及住院部的紧密联系，保证在最短的时间内，以最便捷的通道将病人送到手术室，并且在术后也能通过最快的路径让病人到达住院部，避免住院病人与门诊病人的交叉。不同的目标人群有不同的流线，互不交叉，互不干扰。

众所周知，这些年越来越重视的无障碍设计、标识设计在医疗设施空间设计中也成为非常重要的因素，这些因素都将直接影响着各部门内部的平面布局和部门间的互相关联。医疗设施空间设计是一个涵盖面很广的课题，涉及规划、建筑、结构设备、器械生产等诸多领域，也是从事相关设计的人员需要长期关注、研究、探讨的重要课题。

近年来，越来越多的相关机构证明良好的艺术氛围可以减轻患者在空间内所感受到的压力，已经有越来越多的医疗建筑设计师开始把医院设计的重心偏向于公共艺术的营造。"艺术化陈设品的欣赏同样能使人获得极大的心理满足，有利于不良情绪的转移，缓解患者疾患，促进患者康复。"19 世纪末，护理大师弗罗伦斯·南丁格尔就给出使患者身体恢复的方法之一，即让他们欣赏不同的形状与色彩。毋庸置疑，公共空间环境对人们疾病的治愈具有重要的作用，在医院中放置各类艺术作品，策划各项艺术活动，既可以消除患者对于陌生环境的恐惧，增加对医院的信赖感，也能使医务工作人员提升工作积极性。目前，全球已有多个发达国家将"百分比艺术法案"有效地用于发展公共艺术上，这类法案不仅有效地促进了各个地区的医疗设施空间中艺术氛围的打造，还很好地对艺术进行了面向广大人民群众的普及和推广。

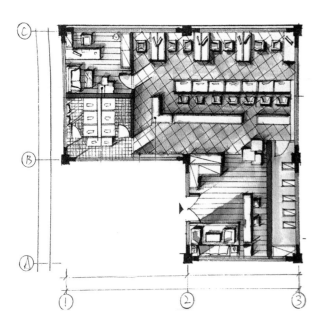

纸　张：硫酸纸/复印纸
工　具：绘图笔/滚珠笔

平面示意图

纸　张：硫酸纸/复印纸
工　具：绘图笔/滚珠笔、
　　　　酒精马克笔、水溶
　　　　彩色铅笔、高光笔

室内设计制图

78

　　开放式的室内空间设计打破了室内外设计的壁垒，将叠水、石阶等贴近自然的部件作为灰空间，使得室内外空间过渡自然，处于室内宛如近水楼台，独揽远山近景无限风光。室内的装饰材料以胡桃木为主，减少冰冷的水泥、金属等材质，并以绿植点缀其间，使室内空间充满田园景致，贴近自然、生机盎然。

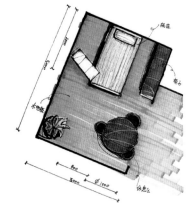

纸　张：硫酸纸／复印纸
工　具：绘图笔／滚珠笔

平面示意图

　　简单、安静的医疗设施空间设计，采用木材暖色调处理的空间给病人以温暖的感受、细腻的呵护。家具布置简洁，一张特护病床、一个壁橱、一套简洁的休息圆桌及座椅，给人如家的享受。

纸　张：硫酸纸／复印纸
工　具：绘图笔／滚珠笔、
　　　　酒精马克笔、水溶
　　　　彩色铅笔、高光笔

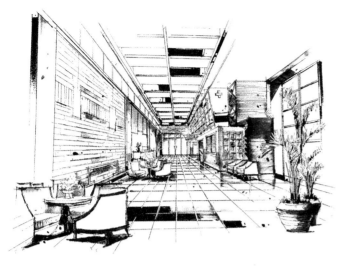

纸 张：硫酸纸/复印纸
工 具：绘图笔/滚珠笔

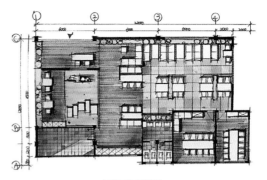

平面示意图

　　坐北朝南、方圆结合是中国传统建筑中最简练质朴的设计手法，本方案抛弃后现代主义烦琐的空间组合，以"南北""方圆"作为设计的出发点，将室内空间做简洁明朗的方形分割，不仅空间面积得到最大化的利用，而且使室内通风采光都产生极佳的效果；配套各类圆形软装陈设，使室内空间在冰冷中留有温度，在硬朗中体现柔情，通过对比的手法引发观者对空间更好的感触。

纸 张：硫酸纸/复印纸
工 具：绘图笔／滚珠笔、酒精马克笔、水溶彩色铅笔、高光笔

方案以回归汉代风貌为设计出发点，抛弃了桌椅板凳等常规家具的运用，以桌榻、蒲团等汉代家具作为软装陈设，高度上很好地扩充了室内空间的范围。房屋四周的墙壁上也以极简的竹帘、书柜为装饰，避开现代材料的使用，保持了空间内古风气韵的一致性，营造良好的"回归本真"氛围。

纸 张：硫酸纸/复印纸
工 具：绘图笔/滚珠笔

纸 张：硫酸纸/复印纸
工 具：绘图笔/滚珠笔、酒精马克笔、水溶彩色铅笔、高光笔

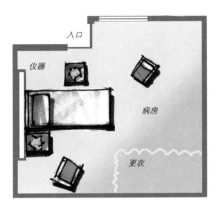

平面示意图

纸 张：硫酸纸／复印纸
工 具：绘图笔／滚珠笔

该病房采用植物、沙发等装置物改变了医疗空间单调冰冷的氛围。局部采用淡淡的黄色，给人以温馨的感受。简单的木质欧式家具和植物很温馨地布置在空间中，特别是随处可见的扶手等无障碍设计，令这个空间更加人性化。

纸 张：硫酸纸／复印纸
工 具：绘图笔／滚珠笔、酒精马克笔、水溶彩色铅笔

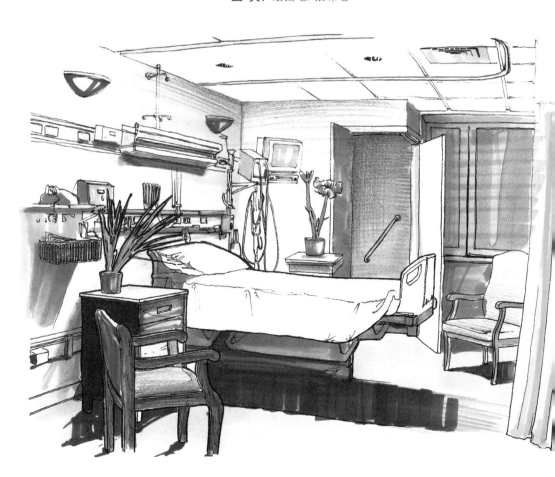

平面示意图

纸 张：硫酸纸/复印纸
工 具：绘图笔/滚珠笔

　　该空间使用植物、沙发等营造了家的温馨与舒适。整个空间色调和谐，淡淡的冷暖色的对比给人以清新之感。躺椅和电视的安放使病人和陪房、探视的人更方便使用。

纸 张：硫酸纸/复印纸
工 具：绘图笔／滚珠笔、酒精马克笔、水溶彩色铅笔、高光笔

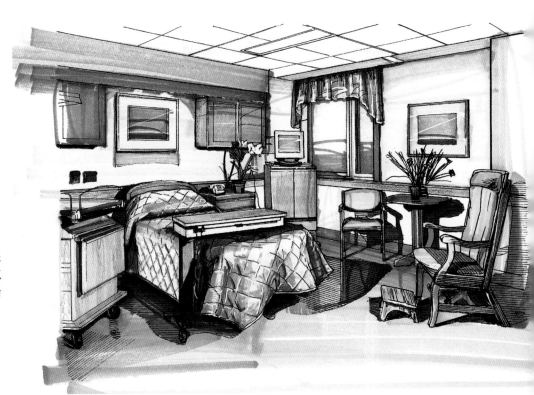

该空间是医院的室外空间，宽阔敞亮，异形柱子更加烘托了气氛，整个空间活泼而不受拘束。该设计打破常规的思维模式，营造出一种奇特新颖的休息空间氛围。

纸 张：硫酸纸/复印纸
工 具：绘图笔/滚珠笔

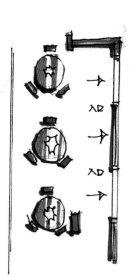

平面示意图

纸 张：硫酸纸/复印纸
工 具：绘图笔/滚珠笔、酒精马克笔、水溶彩色铅笔、高光笔

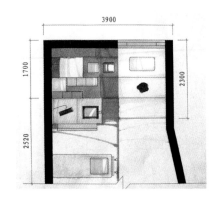

平面示意图

该儿童医院内的特殊检查室中放置了3块荧屏：交流屏、信息屏和表演屏。交流屏是触摸式荧屏，等候检查的孩子们可以用它来拍照片、画画或者写字。他们可以和其他来接受治疗的孩子分享他们的创作，或者把它们保留起来作为私有。信息屏会将所有孩子的作品年复一年地保存起来，孩子们总是可以在这里重新找到他们自己的作品信息库。孩子们也可以把自己的作品转发给表演屏。作品通过一个电脑化了的万花筒传送给另一个液晶显示屏，并显现出精彩壮观的画面。而信息屏则理智地提醒孩子们当时的时间、下次检查的时间和离检查结束还剩下多少时间。此方案无论是室内设计还是多媒体艺术创作都达到了美轮美奂的程度。

纸　张：硫酸纸/复印纸
工　具：绘图笔/滚珠笔

纸 张：硫酸纸／复
　　　 印纸
工 具：绘图笔／滚
　　　 珠笔、酒精
　　　 马克笔、
　　　 水溶彩色铅
　　　 笔、高光笔

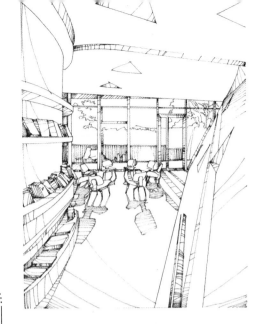

此空间为某医院癌症中心。与贯穿整个建筑的三角、外部尖锐的折线、黑色的钢板，形成强烈对比的是内部柔和的曲线和白色的墙面及家具。无论在室内任何一处，你都能感觉到屋顶的存在，三角形贯穿整个建筑，阳光穿过这些三角形照亮了每一处角落，而阳光的引入也打破了白色室内的单调，增加了动感。

纸 张：硫酸纸/复印纸
工 具：绘图笔/滚珠笔

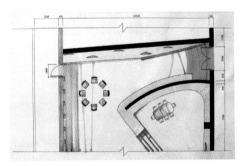

平面示意图

纸 张：硫酸纸/复印纸
工 具：绘图笔/滚珠笔、酒精马克笔、
水溶彩色铅笔、高光笔

在室内墙壁上悬挂大量的绿植不但可以起到极好的点缀空间的效果，而且对室内空气的净化更是有不可忽视的作用。方案以绿色设计为出发点，在工业风的室内添置大量的绿植墙，并种植小型灌木，使室内空间犹如一个绿色生态园。软装方面以木材为主要原料，无论桌椅还是架柜，都采用不锈钢材与木材结合的方法，营造出一个别出心裁的生态工业风空间。

纸　张：硫酸纸/复印纸
工　具：绘图笔/滚珠笔

纸　张：硫酸纸/复印纸
工　具：绘图笔/滚珠笔、
　　　　酒精马克笔、水
　　　　溶彩色铅笔、高
　　　　光笔

89

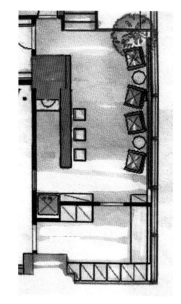

平面示意图

纸 张：硫酸纸／复印纸
工 具：绘图笔／滚珠笔

设计就像一个魔术，能为空间带来不一样的灵魂。本方案作为一个具有很多功能和条件限制的孕婴体验中心，通过设计将中心的健康理念真正贯穿到功能使用的细节之中，通过设计对空间在气氛、功能方面的干预和实现，将心理、精神等更广泛的健康理念，植入人们对健康的关注中。此孕婴中心空间是休息空间，孕妇们可以交流心得体会和休息的空间，为孕育期的母亲营造健康的心理，从而赋予胎儿一个健康而积极的情感和性格基础。而这种外在的健康环境，必定与设计相关。楼梯的护栏和顶棚的造型为自由的曲线，圆形环抱的空间结构在形态上与孕期女性的身体形态具有相似感，很容易在心理上使她们得到被外界环境拥抱的安全感，让始终谨慎的神经在一定程度上得到放松。

纸　张：硫酸纸／复印纸
工　具：绘图笔／滚珠笔、酒精马克笔、水溶彩色铅笔、高光笔

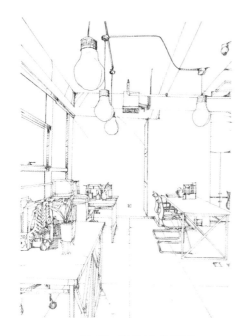

具有怀抱感和私密安全感的分隔空间在设计中被规划为私人的交谈室和诊疗室，为需要私人心理和经验指导的会员营造了一个安静而隐蔽的环境。在由接待厅逐渐进入交流空间的过程中，展示柜上的孕婴用品很容易让人的心情放松下来，以舒适的心态进入会员区参与交流。所有这些看似简单的设计考虑，都基于设计者对这一时期女性的关注，注意到这一时期的女性由于自身担负着保护和孕育的责任，容易心理波动，喜欢干净温暖的颜色；温和的乳白色巨型灯泡和暖色的墙面、木质家具使她们感觉十分亲切。

纸 张：硫酸纸/复印纸
工 具：绘图笔/滚珠笔

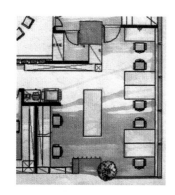

平面示意图

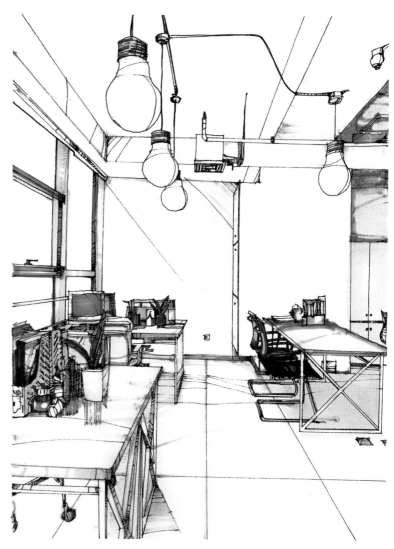

纸 张：硫酸纸/复印纸
工 具：绘图笔/滚珠笔、酒精马克笔、水溶彩色铅笔、高光笔

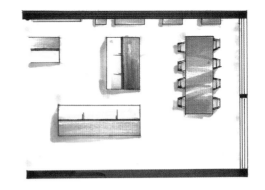

平面示意图

纸 张：硫酸纸/复印纸
工 具：绘图笔/滚珠笔

清晰的路线规划，充足的自然光线和适当的室内环境干预，让建筑摆脱医疗机构的束缚，展现出怡人宜居的生活氛围。室内多采用木质材料，沙发座椅同时兼具了收纳功能，可以存放图书物品。座椅的颜色与房间墙壁的颜色相呼应，相得益彰。

纸 张：硫酸纸/复印纸
工 具：绘图笔／滚珠
笔、酒精马克
笔、水溶彩色
铅笔、高光笔

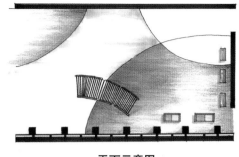

平面示意图

纸 张：硫酸纸/复印纸
工 具：绘图笔/滚珠笔

　　宽敞的多层大厅给人温馨舒适的公共环境体验。半圆形的开口及天光、木材的使用、明亮的色彩、噪声控制和无障碍可视性让室内环境更加怡人。室内走廊连通所有医护病房，且沿途设置有遮蔽的等候椅。

纸 张：硫酸纸/复印纸
工 具：绘图笔/滚珠笔、酒精马克笔、水溶彩色铅笔、高光笔

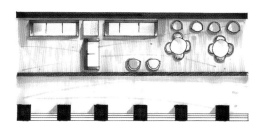

平面示意图

纸 张：硫酸纸/复印纸
工 具：绘图笔/滚珠笔

病人的体验感是医疗机构设计需要考虑
的重要因素。积极有效的干预设计能减少医
疗问诊压力，同时促进病人康复。宽敞的休
息通道给人温馨舒适的公共环境体验。

纸 张：硫酸纸/复印纸
工 具：绘图笔／滚珠
笔、酒精马克
笔、水溶彩色
铅笔、高光笔

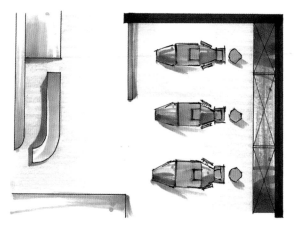

平面示意图

室内空间与工业设计元素作为一个整体，木板条作为整体空间的主导元素，构成不同的弧形墙面和屏障，带来清晰而开放的室内布局。通过材料透明度的差异，以最有利的布局策略对公共空间和私人空间进行了划分。

纸 张：硫酸纸/复印纸
工 具：绘图笔/滚珠笔

纸　张：硫酸纸/复印纸
工　具：绘图笔/滚珠笔、酒精
　　　　马克笔、水溶彩色铅
　　　　笔、高光笔

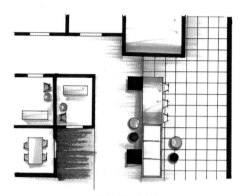

平面示意图

纸 张：硫酸纸/复印纸
工 具：绘图笔/滚珠笔

该空间设计能够更高效便捷且舒适地服务于空间内的各种活动，营造了各种形式和尺寸的会面空间。除一些封闭安静的小型讨论空间外，该机构建筑内还设有小型协作区域，以及由活动门板围合的灵活会议场所。

纸 张：硫酸纸/复印纸
工 具：绘图笔/滚珠笔、酒精马克笔、水溶彩色铅笔、高光笔

在我国，酒店空间从最早殷商时期的驿站（官用）、逆旅（民用）至周代馆舍，秦汉时期的旅馆，魏晋时期接待外客的四夷馆，唐代、元代的蕃坊、四方馆、会同馆，至鸦片战争后期出现的现代饭店，演变至今，酒店已由最初的歇息、就餐等基本功能向功能多样化、需求情感化等方向发展。我国现代化酒店是随着20世纪70年代改革开放发展起来的。其设计风格由标准化到个性化、国际化仍在不断演变。不同酒店品牌的影响力亦是设计师不容小觑的设计特点之一。

根据酒店的顾客及其定位、标准不同，酒店主要分为以下几类：

⊙ 星级酒店

星级酒店根据我国现行评定标准，分为一星级到白金五星级等多个等级。其内部设施亦逐渐完善，例如无烟楼层、无障碍设施、室内外健身区域、24小时餐厅等基础设施。这些星级酒店内部的室内空间设计大多有较高的品牌辨识度，诸如四季酒店、安缦酒店、希尔顿酒店等。

⊙ 经济型酒店

经济型酒店包含快捷酒店、商旅酒店、青年旅社等类型，起源于20世纪30年代的美洲。随着经济的发展，为方便人们的出行，一些较星级酒店便宜的快捷酒店盛行开来。经济型酒店摒弃了豪华酒店中游泳馆、健身房、SPA等附加设施，减少大堂、中西餐厅等公共空间的面积，以舒适的住宿体验、良好的服务、便捷的地理位置、廉价的客房价格为主要的竞争优势，深受商旅人士的喜爱。

⊙ 公寓型酒店

公寓型酒店多分布在大城市的繁华地段。使用者在享受酒店的贴心服务的同时，又可有厨房、衣帽间、起居室等居室空间布局，满足顾客烹饪、养宠物等多方面的空间需求。其顾客多为青年白领、需要出差、旅行的商旅人士、老年人等。

⊙ 主题型酒店

主题酒店以其贯穿的主题文化为经营理念、以空间为载体、以顾客为主要体验人群。主题型酒店满足人们猎奇等心理诉求，营造出不同的空间体验。根据酒店的主题划分，主要分为领略自然风光、欣赏自然界中动植物，当地历史文化、民俗文化，艺术主题，宗教主题，科幻主题，城市特色等多种主题。

⊙ 度假型民宿酒店

近十几年来，民宿酒店的数量在我国急速增加，主要分布在云南、西藏、浙江、江苏等风景优美、景色宜人之地。

顾客在选择民宿酒店时，体验的不仅是酒店的舒适度，更多的是当地的一种生活方式。民宿酒店的室内外布局较贴近"家"的感觉，大多数民宿是顾客与民宿主人生活在一起，品尝民宿餐厅中当地的风味，通过客人之间、主客之间的聊天更好地了解当地的风土人情。这种有人情味的服务，可以让使用者在旅途中享受"家"的感觉。

总的看来，酒店空间因其自身的定位不同分为多种酒店类型。但在设计绝大多数酒店时，除了要考虑设计是否满足不同人群对酒店不同的功能需求，还需要考虑酒店设计的地域性与文化性，深入挖掘酒店的在地特性，因地制宜地进行酒店设计。

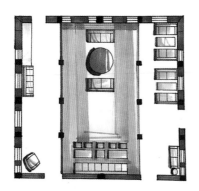

平面示意图

此设计为一家改造的精品民宿，保留了原有建筑的粮仓形象和木质结构，窗户小且都在距离地面2.5m以上，主要用于通风，不考虑采光功能。空间以白色和原木色为主，整体给人隐于世的静谧与安逸之感。

纸　张：硫酸纸/复印纸
工　具：绘图笔/滚珠笔

纸　张：硫酸纸/复印纸
工　具：绘图笔/滚珠笔、酒精马克笔、水溶彩色铅笔、高光笔

纸 张：硫酸纸/复印纸
工 具：绘图笔/滚珠笔

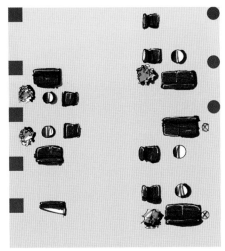

平面示意图

　　酒店高大的共享空间显得很敞亮，进入这个空间感觉很舒畅，设计师最需遵循的原则是不去破坏建筑原始的结构。白色作为基调可以合理解决建筑中开间与尺度受限的问题，在视觉上重新赋予空间张力与延展度；搭配鲜艳的红色沙发，又有一种舒适和惬意；墙上的开窗使得整个空间非常明亮，简洁大方，也从心理上增加了室内的照度，让游走其中的人们自然而然地感到宽敞与舒适。

纸 张：硫酸纸/复印纸
工 具：绘图笔/滚珠笔、
　　　酒精马克笔、水
　　　溶彩色铅笔、高
　　　光笔

此空间为一家位于自然景区的民宿酒店。保持了当地的人文和自然氛围成为整个项目非常重要的关注点，从建筑材料到设计元素，甚至食材，都最大限度地充分利用当地资源，为住客提供身处自然的宁静度假体验。

纸 张：硫酸纸／复印纸
工 具：绘图笔／滚珠笔

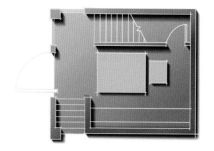

平面示意图

纸 张：硫酸纸／复印纸
工 具：绘图笔／滚珠笔、酒精马克笔、水溶彩色铅笔、高光笔

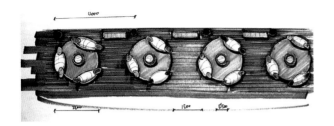

平面示意图

　　休息大厅巨大的落地窗使空间显得明亮开阔，色彩也显得更加艳丽。家具的选择非常具有现代感，沙发搭配鲜艳的颜色，整个空间显得很活泼。人们坐在这样的空间中欣赏窗外的美景会别有一番情趣。

纸　张：硫酸纸／复印纸
工　具：绘图笔／滚珠笔

纸　张：硫酸纸／复印纸
工　具：绘图笔／滚珠笔、酒精马克笔、水溶彩色铅笔、高光笔

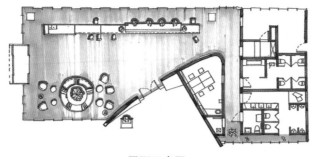

平面示意图

通过留白的节制手法，剔除了建筑内外不必要的表面装饰，达到室内外语境的统一。空间围绕山、水、云、竹的元素，进行建筑与室内空间设计，充分考虑空间与环境的融合，将自然引入室内。

纸　张：硫酸纸/复印纸
工　具：绘图笔/滚珠笔

纸　张：硫酸纸/复印纸
工　具：绘图笔/滚珠笔、酒精马克笔、
　　　　水溶彩色铅笔、高光笔

此度假酒店空间的大堂简洁大方而又不失其功能性，线条刚柔相济，顶棚的粗框梁架与楼梯跑马廊的曲线结合在一起，构成空间的骨架节点。色彩丰富但不感觉杂乱，使整个空间感觉更加统一、浑然一体。

纸　张：硫酸纸/复印纸
工　具：绘图笔/滚珠笔

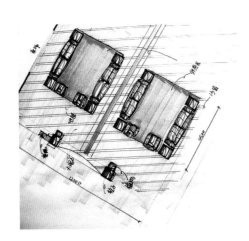

平面示意图

纸　张：硫酸纸/复印纸
工　具：绘图笔/滚珠笔、酒精马克笔、
　　　　水溶彩色铅笔、高光笔

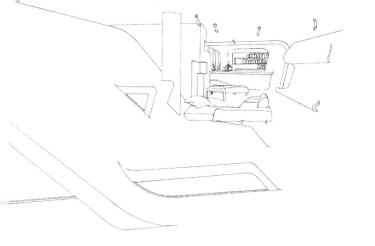

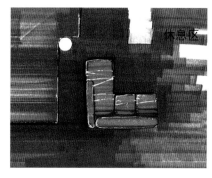

休息区

平面示意图

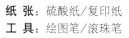

纸 张：硫酸纸/复印纸
工 具：绘图笔/滚珠笔

纸 张：硫酸纸/复印纸
工 具：绘图笔/滚珠笔、酒精马克笔

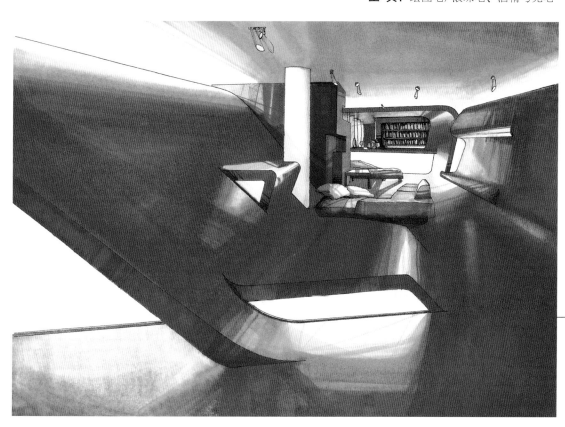

　　这家全新概念的五星级酒店位于柏林街角，它已经不仅仅是一个临时的睡眠场所，而更像一个拥有强烈磁场的神秘空间，正在吸引着越来越多的旅游者、参观者进入其中，感受惊喜。

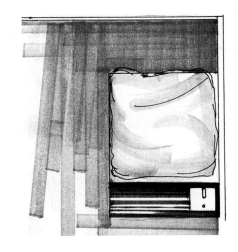

纸 张：硫酸纸/复印纸
工 具：绘图笔/滚珠笔

平面示意图

这家全新概念
的五星级酒店舒适、
简洁的氛围，纯线
条最小化的设计风
格，亲切的人性化
设计都使其成为温
暖舒适之地。

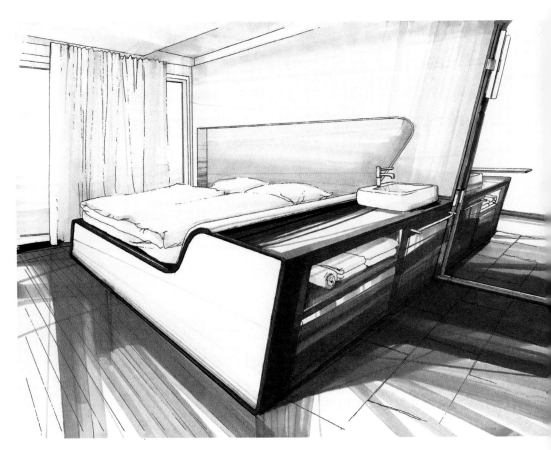

纸 张：硫酸纸/复
印纸
工 具：绘图笔/滚
珠笔、酒精
马克笔

此空间室内的景观装饰渲染出了整个空间的整体气氛，热带大自然风光被带到了周围，置身其中像是在户外空间，给人以随意洒脱的感觉。圆形的吊顶与地面圆形围绕的桌椅相搭配，装饰性与功能性得到了统一。

纸 张：硫酸纸/复印纸
工 具：绘图笔/滚珠笔

平面示意图

纸 张：硫酸纸/复印纸
工 具：绘图笔/滚珠笔、酒精马克笔、水溶彩色铅笔

平面示意图

纸 张：硫酸纸/复印纸
工 具：绘图笔/滚珠笔

纸 张：
硫酸纸/复
印纸
工 具：
绘图笔/滚
珠笔、酒精
马克笔、水
溶彩色铅
笔、高光笔

　　整个空间在造型上力求简洁、明快，统一划分。条形的空间划分和简单的点缀使得整个空间更加通透、明亮、现代。顶部造型采用巨大圆形吊顶，中心空间的子空间里加上球灯装饰，虚实相应，使整个空间丰富多彩。

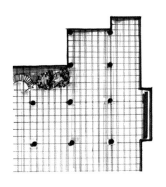

此酒店构思的新模式为一个对外开放的场所，空间充分表现了功能的需要，布局合理，视觉流畅，选材合理，色彩温馨，建筑的柱梁同时起到了装饰的作用，植物又带来自然休闲色彩，营造出具有文化底蕴的公共空间。

平面示意图

纸　张：硫酸纸/复印纸
工　具：绘图笔/滚珠笔

纸　张：硫酸纸/复印纸
工　具：绘图笔/滚珠笔、酒精马克笔、水溶彩色铅笔

该方案是老城区的一家酒店改造，酒店房间的主基调是新中式风格，房间里大大的玻璃落地窗，采用未经过度加工的铜料与圆形镜面组合成简约梳妆台与陶瓷大浴缸，木艺与铁艺，厚重的铜镜与琉璃玻璃窗配置现代化设施，别出心裁的设计与布置，在整体房屋格局修旧如旧的基础上，通过内饰和软装的搭配，让昔日的旧城区经历了新旧交替的时代蝶变。

纸 张：硫酸纸/复印纸
工 具：绘图笔/滚珠笔

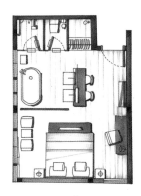

平面示意图

纸 张：硫酸纸/复印纸
工 具：绘图笔/滚珠笔、酒精马克笔、水溶彩色铅笔、高光笔

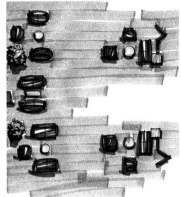

平面示意图

纸 张：硫酸纸／复印纸
工 具：绘图笔／滚珠笔

　　该酒店大堂设计在大厦的中部，在喧闹的大空间中营造出一处安静、舒适的休息空间。玻璃窗带来了柔和的自然光，加上舒适的家具、富有特色的装饰，将人们带进了一个宁静祥和，具有文化感染力的空间。

纸 张：硫酸纸／复印纸
工 具：绘图笔／滚珠笔、酒精马克笔、水溶彩色铅笔

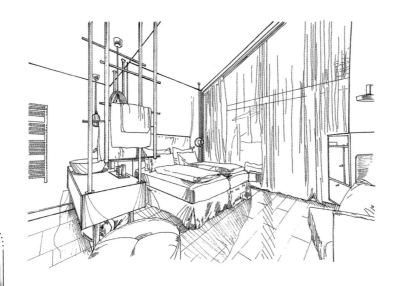

此空间为一家精品民宿的套房，有着接近于正方形的平面，使落地窗能够为室内引入尽可能多的阳光。床摆放在房间内的核心位置，客人在醒来的时候便能将雪山美景收入眼底。窗边的沙发营造出一种坐在花园里的氛围，黑色钢材被运用在毛巾架和衣柜等不同位置；迷你酒吧被嵌入一件小型家具内，如同一个打开的旧旅行箱。

纸 张：硫酸纸/复印纸
工 具：绘图笔/滚珠笔

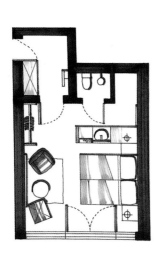

平面示意图

纸 张：硫酸纸/复印纸
工 具：绘图笔/滚珠笔、酒精马克笔、水溶彩色铅笔、高光笔

此精品酒店空间旨在营
造简约前卫的清新风格，色
彩上以红色为主，搭配家具、
玻璃的色彩使得整个空间给
人一种强烈夺目的视觉效果。
双层的镂空设计则增添了空
间的情趣，简洁之中增加了
韵律感。

平面示意图

纸　张：硫酸纸／复印纸
工　具：绘图笔／滚珠笔

纸　张：硫酸纸／复
印纸
工　具：绘图笔／滚
珠笔、酒精
马克笔、水
溶彩色铅
笔、高光笔

117

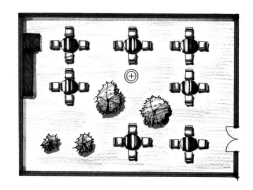

平面示意图

纸 张：硫酸纸／复印纸
工 具：绘图笔／滚珠笔

此度假酒店空间引入高大的植物、芬芳的花草，将自然景色很好地融入建筑物之中，表达了人对自然的向往。绿色的植物在玻璃的映衬下有一种自然和时尚结合的气息，现代主义的特色显现其中。

纸 张： 硫酸纸/复印纸
工 具： 绘图笔/滚珠笔、酒精马克笔、水溶彩色铅笔

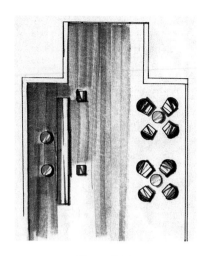

平面示意图

该酒店设计得简约大方，没有任何多余的修饰语言，原建筑的方柱、平直而简单的木质吊顶、落地的大玻璃窗使整个空间更加开阔，营造出简洁大方的空间氛围，给人以心旷神怡的感觉。家具的选用，红蓝色彩的靠垫，使酒店空间的功能设计与现代时尚相融合。

纸　张：硫酸纸/复印纸
工　具：绘图笔/滚珠笔

纸　张：硫酸纸/复印纸
工　具：绘图笔/滚珠
　　　　笔、酒精马克
　　　　笔、水溶彩色
　　　　铅笔、高光笔

接近10m的空间挑高，华丽浓艳的暖色调，共同赋予了本案空间优雅高贵的气质。硬装上大理石材质与软装中丝绒的高档质感共同结合，给本案营造出独具东方魅力的室内空间。小巧的软装点缀其中，给室内带来了更多的灵活性，使得空间不因为贵重元素而显得沉重烦琐，秀气而生动。

纸 张： 硫酸纸/复印纸
工 具： 绘图笔/滚珠笔、酒精马克笔、水溶彩色铅笔、高光笔

纸 张： 硫酸纸/复印纸
工 具： 绘图笔/滚珠笔

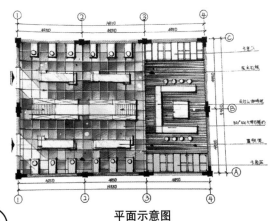

平面示意图

餐饮空间是指专门为餐饮活动提供的经营空间，是餐饮业适应时代需要、营销成功与否的重要基础。餐厅设计的目的是创造一种氛围，以突出供应的食物和服务的特点，让用餐的经历值得怀念，从而鼓励顾客再次光临并推荐给其他人。餐厅的规模从简单到庞大，从正式到随意，从低档到高档，都有其存在的必然性及相应的顾客群体。随着生活水平的提高，人们就餐时希望能享受到更多有文化品位的、舒适的餐饮环境。餐饮空间设计时按不同的民族、不同的地域、不同的文化背景或不同的饮食习惯，根据不同的类型进行差异性设计以营造满足人们需求的就餐环境。如快餐店应该有明亮光线和色彩，以体现快节奏、高效率的气氛；豪华餐馆要求亮丽的颜色、昂贵的材料、柔和的灯光以及安静的氛围。所供应食物的特色也可以通过颜色、材料和细节的选择表达出来。

在餐饮空间设计中，功能的组织是设计师最应该优先考虑的问题。餐饮空间应满足商业行为进行演绎的环境需要，即商业的功能性。合理的功能空间和平面布局更有利于设计语言的阐述，也更有利于材质的表现、配饰与家具的选择，更好地展示附加的形式美的符号。

一个好的餐厅通常都有明确的主题。主题的确定是展现餐厅特色的第一步，确切的主题定位不仅能够明确餐厅中提供的菜系，餐饮空间内的装饰材料、色彩、陈设、灯光、空间造型等都体现着餐厅的主题内涵，从而营造统一的餐饮环境氛围，提供特色服务。通过其营造的就餐空间环境表达思想主题和经营理念，是其餐饮场所的市场定位和服务定位的表现。特色主题也成为使顾客容易区别于其他餐饮空间的特征。

动线设计是餐饮空间中不可忽视的重要元素，动线主要指顾客、服务员、货物在餐厅内的行进方向路线，串联着餐饮空间的各个功能区域，与餐厅运营流线息息相关。餐饮空间中的动线设计要注意区分消费者动线、服务人员动线和货物动线。服务人员的动线应该采取直线设计，避开顾客的动线及进出路线，以免与顾客发生碰撞。消费者进入餐厅后的行进路线也应是直线，顺畅地入座，路线不宜过长，尽可能避免穿越其他用餐区。餐厅物品及食物原料的进出动线应与服务人员及顾客动线完全区隔开来，避免互相影响。

材料品种多样性及其本身所具有的质感、色彩、特性有很大的不同，使用不同工艺技术手段也使得材料变得更加多姿多采，再加上特定的表现手法形成不同设计风格，材料的选择直接影响了空间的主题和氛围。

色彩在餐饮空间设计中也是非常重要的，色彩能够引起人们的联想与回忆，从而达到唤起人们情感的目的。餐饮空间中的色调的选择最好采用暖色、鲜艳的色彩。人们面对餐厅内的色彩往往会联想到与之相配的食物，一些消极暗淡的颜色应尽量避免使用。

餐饮空间设计还需要合理的光环境和声环境。实践证明，良好的光环境与经营的好坏有直接的关系。食物的颜色是通过光线传递到顾客的眼睛里的，即所谓形、色。此外，餐饮空间的适度照明也是减少噪声行之有效的方法，就餐环境的光线越亮，不良的噪声环境就越容易形成。同时过亮或过暗的灯光效果又使就餐环境显得不够合理，因为餐饮空间的自然照度往往不够，更多依靠人工照明来补充，所以巧妙布置灯效会使就餐空间变得丰富。

常见的餐饮空间主要包括快餐厅、宴会厅、西餐厅、中餐厅、酒吧、咖啡厅、茶馆等。

平面示意图

此空间为茶餐厅，设计主要营造了一种古朴的环境氛围，青石板铺地，保留树木原来的形状围合空间。通过对室内空间细部的刻画，使空间的整体感觉更加精致、温馨。家具的选择也使室内气氛活跃起来。天然的木材引入室内，使整个空间犹如回归大自然。色彩运用也追求丰富多变。

124

纸 张: 硫酸纸/复印纸
工 具: 绘图笔/滚珠笔

纸　张：硫酸纸／复印纸

工　具：绘图笔／滚珠笔、酒
　　　　精马克笔、水溶彩
　　　　色铅笔、高光笔

优雅、舒适、浪漫、和谐是该餐厅的特点，座椅、墙面、顶棚、窗帘大面积使用淡雅的粉红色，柔和的光线烘托出惬意舒适的氛围，在这样的餐厅用餐，是一种放松又浪漫的享受。

纸 张：硫酸纸/复印纸
工 具：绘图笔/滚珠笔

平面示意图

纸 张：硫酸纸/复印纸
工 具：绘图笔/滚珠笔、酒精马克笔、水溶彩色铅笔、高光笔

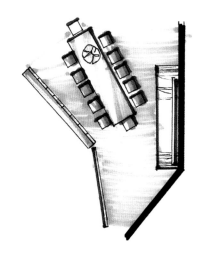

纸 张：硫酸纸／复印纸
工 具：绘图笔／滚珠笔

平面示意图

　　该餐饮空间采用弧
线形的局部围合空间
处理形式，对顾客起
到了一定的引导作用。
顶棚的处理使空间形
式更加丰富，形成了
错落有致的空间布局。
色彩的使用和谐统一，
淡淡的粉色使空间更
加温馨、浪漫。

纸 张：硫酸纸／复印
　　　纸
工 具：绘图笔／滚珠
　　　笔、酒精马
　　　克笔、水溶
　　　彩色铅笔

127

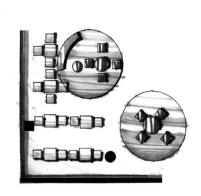

平面示意图

纸 张：硫酸纸/复印纸
工 具：绘图笔/滚珠笔

　　该餐饮空间在一个封闭的直线空间中采用大的圆形吊顶和地面铺装的变化，暗示出一个个小的餐饮空间。重叠的圆形吊顶增强了空间的节奏，烘托了室内气氛。不规则的柱体增添了空间的情趣。弧形墙面的出现，巧妙地分隔了用餐区域。

纸 张：硫酸纸/复
　　　　印纸

工 具：绘图笔/滚
　　　　珠笔、酒精
　　　　马克笔、
　　　　水溶彩色铅
　　　　笔、高光笔

纸　张：硫酸纸/复印纸
工　具：绘图笔/滚珠笔

纸　张：硫酸纸/复印纸
工　具：绘图笔/滚珠笔、酒精马克笔、水溶彩色铅笔、高光等

　　该空间是复古感十足的工业风酒吧设计。酒吧是从一间旧工厂改造而来，保留了工厂的原有结构，加入旧木板材质的家具和工业感很强的灯具，它们对烘托整个空间的氛围起到了很大的作用。顾客可以通过铁艺楼梯通往二楼空间。

平面示意图

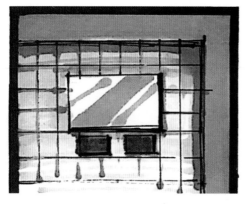

平面示意图

纸 张：硫酸纸/复印纸
工 具：绘图笔/滚珠笔

半开放式的厨房设
计，整体风格简约时尚。
黑白灰加木色的色彩搭配
清新自然，简单大方。实
木整体橱柜，流畅的线
条，大理石的吧台设计，
搭配简单的吊灯，时尚而
温馨。

纸 张：硫酸纸/复印纸
工 具：绘图笔/滚珠
笔、酒精马克
笔、水溶彩色
铅笔、高光笔

该餐饮空间装饰原有的柱式结构，由一系列桌椅完成空间划分。整体采用暖色调营造了节日的喜庆气氛，空间结构整体而有层次，室内装置物及摆设也有效地点缀了空间。

纸　张：硫酸纸/复印纸
工　具：绘图笔/滚珠笔

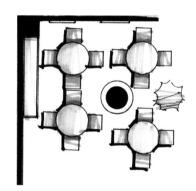

平面示意图

纸　张：硫酸纸/复印纸
工　具：绘图笔/滚珠笔、酒精马克笔
　　　　水溶彩色铅笔、高光笔

131

平面示意图

鲜艳的色彩、原木家居、布艺装饰、独特区域风格的装饰品，东南亚风格的餐厅设计惬意舒适，同时也让人享受异域的风情。空间内广泛地运用木材和其他的天然原材料，如藤条、竹子、石材、青铜和黄铜、深木色的家具，局部采用了金色的壁纸、丝绸质感的布料。灯光的变化也体现出稳重及豪华感。

纸 张：硫酸纸/复印纸
工 具：绘图笔/滚珠笔、酒精马克笔、
　　　　水溶彩色铅笔、高光笔

工业风格的餐厅设计，将铁件元素、水泥墙面、实木家具的视觉比例搭配得恰到好处。设计师巧用材质变化，整个居室空间给人以浓烈醇厚的粗犷质感，而又不失和谐惬意的家庭温度。

纸 张：硫酸纸/复印纸
工 具：绘图笔/滚珠笔

平面示意图

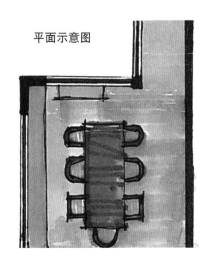

纸 张：硫酸纸/复印纸
工 具：绘图笔/滚珠笔、酒精马克笔、水溶彩色铅笔、高光笔

入口

平面示意图

该空间为餐饮空间中的通道，狭长的空间形成强烈的视觉效果，两侧墙壁涂鸦的装饰图案成为第二道亮丽的风景线。吊顶采用不规则形状的折线设计，为空间增添了灵动飞舞的节奏感。在狭长的空间，制造了无限的遐想。

纸　张：硫酸纸/复印纸
工　具：绘图笔/滚珠笔

纸　张：硫酸纸/复印纸
工　具：绘图笔/滚珠笔、酒精马克笔、
　　　　水溶彩色铅笔、高光笔

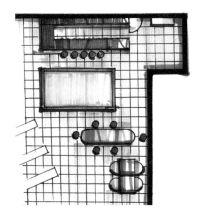

纸　张：硫酸纸/复印纸
工　具：绘图笔/滚珠笔

平面示意图

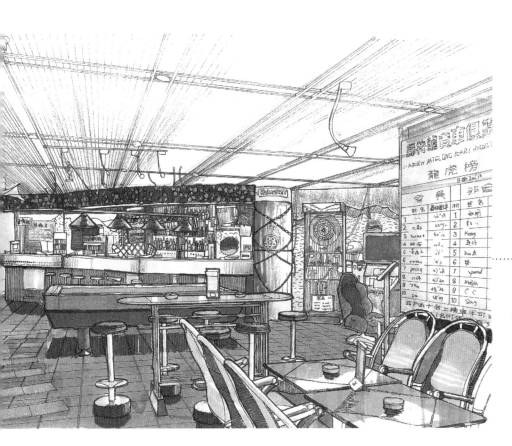

该空间为俱乐部的餐饮空间，丰富的色彩活跃了气氛，弧形的吧台设计方便来往的顾客。选用玻璃材质的餐桌使就餐气氛显得轻松、愉悦。地砖采用不规则形式，带有导向性。

纸　张：硫酸纸/复印纸
工　具：绘图笔/滚珠笔、酒精马克笔、水溶彩色铅笔、高光笔

135

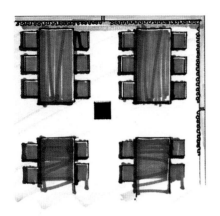

平面示意图

纸 张：硫酸纸/复印纸
工 具：绘图笔/滚珠笔

该餐饮空间装饰风格可称为中式后现代，消费群体定位相对较高，室内陈设尽显高雅的格调，黑色、玫瑰红色的强烈色彩使空间显得更加雅致。高靠背椅、高花瓶、深黑色的木制家具、深玫瑰红色的软包、浅粉色纱的窗帘、落地的长窗，一切细节处理使空间统一而高雅。

纸 张：硫酸纸/复印纸
工 具：绘图笔/滚珠笔、酒精马克笔、水溶彩色铅笔、高光笔

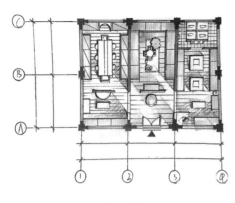

平面示意图

本案设计以线性元素作为设计的亮点。大量的线不但给空间带来了极强的网络感、科技感，使原本通体采用木料材质的空间别开生面，且良好地解决了传统隔断不通风、不透光的弊端。通体洁白的线性元素与周围的墙体、地面搭配良好，让室内外空间结合得自然流畅。

纸　张：硫酸纸/复印纸
工　具：绘图笔/滚珠笔、
　　　　酒精马克笔、水
　　　　容彩色铅笔、高
　　　　光笔

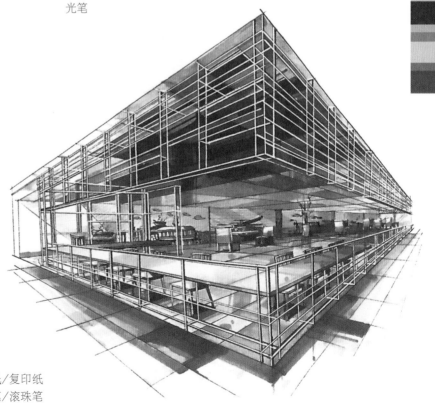

纸　张：硫酸纸/复印纸
工　具：绘图笔/滚珠笔

餐饮空间

餐厅的入口，清新的就餐环境，前台的处理成为空间着眼点。黄色的隔断墙为半围合空间，与红色的实体前台形成强烈对比。

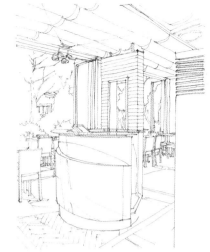

纸 张： 硫酸纸/复印纸
工 具： 绘图笔/滚珠笔

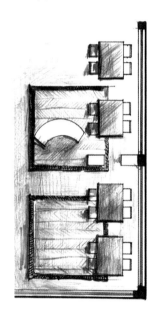

平面示意图

纸 张： 硫酸纸/复印纸
工 具： 绘图笔/滚珠笔、
酒精马克笔

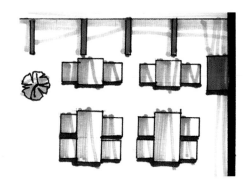

该空间为格调高雅的就餐环境，采用黑白灰为主色调，将空间塑造得优雅而大气。落地玻璃窗提供了层次清晰的空间和适宜的光照。整体空间明快清新，色调统一，优雅舒适。

平面示意图

纸 张：硫酸纸/复印纸
工 具：绘图笔/滚珠笔

纸 张：硫酸纸/复印纸
工 具：绘图笔/滚珠笔、酒精马克笔、
　　　 水溶彩色铅笔

该空间充满了梦幻情调，通过多种元素的叠加提升了就餐环境的魅力。室内台阶的运用塑造了高低空间，划分了不同功能的区域，为整体空间提供了很好的导向性。色彩的大胆运用，达到了很好的视觉效果。

纸 张：硫酸纸/复印纸
工 具：绘图笔/滚珠笔

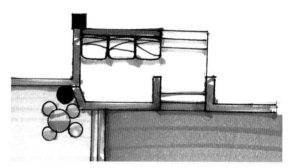

平面示意图

纸 张：硫酸纸/复印纸
工 具：绘图笔/滚珠笔、酒精马克笔、水溶彩色铅笔、高光笔

平面示意图

　　五彩斑斓的餐饮空间使人犹如来到了梦幻般的童话世界。空间最大的特点在于对色彩的充分利用，通过颜色搭配很巧妙地装饰了整个空间。局部的装饰画点缀了空间，也活跃了整体空间氛围。

纸 张：硫酸纸/复印纸
工 具：绘图笔/滚珠笔

纸 张：复印纸
工 具：绘图笔/滚珠
　　　笔、水粉、
　　　高光笔

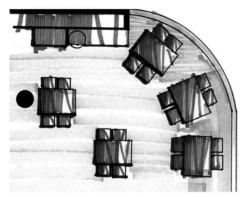

平面示意图

纸　张：硫酸纸/复印纸
工　具：绘图笔/滚珠笔

落地的大玻璃窗为室内提供充足的光线，使整个大堂吧显得明快、气派。错落有致的吊灯、古典造型的座椅，塑造了现代和古典交融的整体空间情调。

纸 张：硫酸纸/复印纸
工 具：绘图笔/滚珠笔、酒精马克笔、水溶彩色铅笔

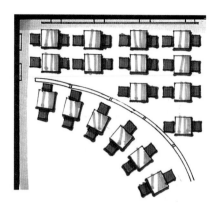

平面示意图

此餐饮空间最有吸引力的莫过于吊顶和隔断的设计，同时室内陈设灯具的选用成为划分功能区域的最佳方式。简洁的栏杆，极简的家具，与吊顶的复杂图案形成对比。空间中的地台式空间自然地分隔并丰富了空间。

纸　张：硫酸纸/复印纸
工　具：绘图笔/滚珠笔

纸　张：硫酸纸/复印纸

工　具：绘图笔/滚珠笔、酒精马克笔、水溶彩色铅笔、高光笔

该餐厅是一家中式餐厅，大胆的色彩搭配是
本餐厅设计的亮点。红色和绿色互补色的组合效
果，让人眼前一亮。整体色调和谐，彰显出个性
的活跃设计思维。

纸　张：硫酸纸/复印纸
工　具：绘图笔/滚珠笔

平面示意图

纸　张：硫酸纸/复印纸
工　具：绘图笔/滚珠笔、酒精马克笔、
　　　　水溶彩色铅笔、高光笔

loft最初是为工业使用而建造，后又用于家庭居住的生活空间。如果不是中产阶级精英以及建筑师和设计师们的关注，我们很难想象阁楼现在的状况和早期采取阁楼生活方式的先锋人物们所倡导的理想。阁楼生活是20世纪50年代由贫困的艺术家们在纽约租用以前的工业建筑遗址开始的，因为其低廉的租金，以及足够大的开敞自由的空间可以同时满足生活和工作。20世纪60年代以来，建筑师把阁楼的生活理念作为一种同样优秀的、具有创造性的生活方式来进行传播。

经过设计的loft空间可以是一个大工作室，带有卫生间、厨房和休息室，也可以是豪华的住宅。除了空间宽敞外，它和传统的公寓相差无几，loft特有大空间用于社交聚会、表演和展览时，特别需要适当的家具和陈设。许多典型的loft设计中，住宅构件面积并不大，简单的材料、鲜艳的颜色、不加修饰的家具显得特别得体，巨幅装饰画和其他艺术品的陈设也别具特色。

典型loft空间很大，窗户很多，保留着工房建筑的一些细节特征，如暴露的木头或铸铁柱子、裸露的横梁、锡皮的金属屋顶以及一些相当粗糙的供热和照明设备。当然，空间并没有分隔成正常的房间，新来的用户和他们的设计师可在符合建筑规范和预算的前提下，增加厨房、卫生间、贮藏间等，使整个空间更实用、舒适。

loft上下双层的复式结构，类似戏剧舞台效果的楼梯和横梁。在这空旷沉寂的空间中，弥漫着设计师和居住者的想象，他们听凭自己内心的指引，将这大跨度流动的空间任意分割，打造夹层、半夹层，设置接待区和大而开敞的办公区。

如今，loft总是与艺术家、前卫、先锋、艺术区等词相提并论。当人类进入互联网时代，被工业革命抛弃已久的"个性化"浪潮卷土重来时，loft作为一种建筑形式，愈发被人喜爱，甚至成为一种城市重新发展的主要潮流，它为城市人的生活方式带来激动人心的转变，也对新时代的城市美学产生极大影响。最典型的就是在一些层高比较高的办公空间中，自行搭建二层空间，设计中区域的分割非常简洁明确。这种空间能更好地规划不同层次的办公场所，特别是一些设计类的公司往往对于空间的空旷性要求高，办公区也希望有展厅的效果，这种复层的感觉更特别。

loft办公室脱离了传统办公室的束缚，将企业文化与环境相融，营造出独一无二的舒适办公场所。

LOFT KONGJIAN

LOFT空间

此loft空间设计看上去很有趣味，主要体现在旋转楼梯的位置及整体格局上。用于会客起居，视听设备隐藏于墙体，暴露的柱梁、散热器未加任何修饰，与铁架楼梯的韵律有异曲同工之妙。楼梯前的墙面颜色绚丽明快，整体色调非常温馨。

纸 张：硫酸纸／复印纸
工 具：绘图笔／滚珠笔、酒精马克笔、水溶彩色铅笔

纸 张：硫酸纸／复印纸
工 具：绘图笔／滚珠笔

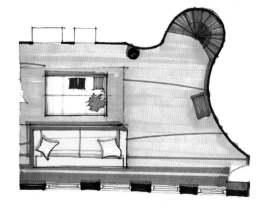

平面示意图

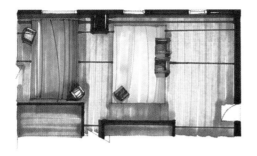

平面示意图

纸 张：硫酸纸／复印纸
工 具：绘图笔／滚珠笔

　　该loft空间为一个小型的画廊，突出loft空间的特点，没有修饰的梁柱、墙壁，形式简洁，色彩运用大胆，局部选用红色的休息沙发和绿色的背景墙互补，张扬而不凌乱，也使空间显得更有层次感。局部的装置和地毯使整个空间的气氛更为活跃。

纸 张：硫酸纸／复印纸
工 具：绘图笔／滚珠笔、酒精马克笔、水溶彩色铅笔、高光笔

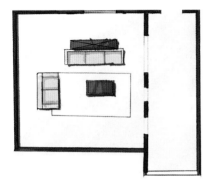

平面示意图

LOFT空间

纸　张：硫酸纸／复印纸
工　具：绘图笔／滚珠笔

鲜亮活跃的色彩营造出了浓郁的异域室内风格。细节陈设的选用和搭配方式很独特。灯光耀眼更凸显墙面饱和的颜色，靠垫运用玫瑰色绸缎面料，在整个室内的颜色搭配中起到画龙点睛的作用。

纸 张：硫酸纸／复印纸

工 具：绘图笔／滚珠笔、酒精马克笔、水溶彩色铅笔、高光笔

平面示意图

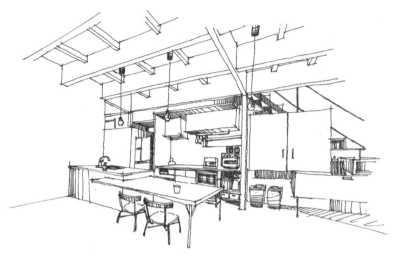

　　该住宅是为一对夫妇和他们的三个孩子而设计。考虑到既有的公寓显得有些拥挤，建筑师决定为业主打造一个开敞的、拥有一体化空间的住宅。场地面积约为150m²，坐落在市区，拥有优越的地理位置，距离最近的车站仅有15分钟的步行路程。业主夫妇希望拥有一间宽敞的客厅，使家庭成员能够舒适愉悦地聚集在一起，同时还要为三个孩子准备一个足够大的储物空间，随着他们的成长能容纳越来越多的东西。

纸　张：硫酸纸／复印纸
工　具：绘图笔／滚珠笔、酒精马克笔、水溶彩色铅笔、高光笔

此空间清新淡雅，结构框架同时也成为室内的装饰形式。自然暴露的梁柱、楼梯和垂下来的欧式装饰灯使室内上部空间感觉不至于太空旷。家具和陈设的选用使整个室内显得温馨浪漫。

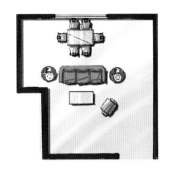

平面示意图

纸 张：硫酸纸／复印纸
工 具：绘图笔／滚珠笔

纸 张：硫酸纸／复印纸
工 具：绘图笔／滚珠笔、
酒精马克笔、水溶
彩色铅笔、高光笔

原建筑的顶棚随着屋顶的走势所呈现出的感觉比一般的平屋顶更加宏伟宽敞。室内的空间用大面积的玻璃划分功能空间，铁框架的裸露使顶棚装饰不单调，也可以和地面的满铺木地板呼应。色彩的运用稳重朴实。

纸 张：硫酸纸／复印纸
工 具：绘图笔／滚珠笔

平面示意图

纸 张：硫酸纸／复印纸
工 具：绘图笔／滚珠笔、酒精马克笔、
水溶彩色铅笔、高光笔

该loft空间为居住空间的书房。室内明亮清新，摆满了古典中式的陈设。横梁的外露和窗的形式都是中西合壁的感觉，陈设和灯饰使空间呈现出一股现代中国风的意境。阳光与格调、颜色搭配，使气氛感觉温馨融洽。

纸 张：硫酸纸／复印纸
工 具：绘图笔／滚珠笔

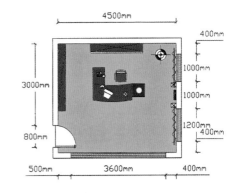

平面示意图

纸 张：硫酸纸／复印纸
工 具：绘图笔／滚珠笔、酒精马克笔、水溶彩色铅笔、高光笔

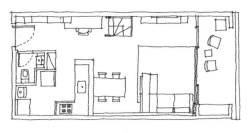

平面示意图

158

　　如果采光不错，许多年轻人应该会选择挑高小公寓吧！就像伦敦这间阁楼公寓，小巧的公共空间可一览无遗，来自落地窗的阳光可以同时照亮客厅和餐厅，不论什么活动都可有充足的照度；尤其利用挑高优势在屋内架起小楼梯，用架高平台创造额外空间，用来规划成特别的小天地。小公寓也很好统一风格，让红砖裸露出来，以方形交错拼接木地板，古朴而又温馨。

纸　张：硫酸纸／复印纸
工　具：绘图笔／滚珠
　　　　笔、酒精马克
　　　　笔、水溶彩色铅
　　　　笔、高光笔

旧格局原本为夹层设计，但楼梯占据客厅大部分空间，遮蔽采光，且夹层中身高较高的人很难站直。考虑此两人空间不必靠夹层补充，负责改造的优尼客空间设计大胆提出拆除夹层的想法。室内风格选定为屋主偏好的北欧风，并用颜色大胆的瓷砖、单椅、无框画等彩色配件增加活泼的气氛。

平面示意图

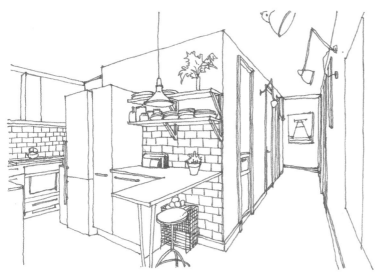

纸　张：硫酸纸／复印纸
工　具：绘图笔／滚珠笔

纸　张：硫酸纸／复印纸
工　具：绘图笔／滚珠笔、酒精马克笔、水溶彩色铅笔、高光笔

平面示意图

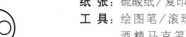

纸 张：硫酸纸／复印纸
工 具：绘图笔／滚珠笔、
酒精马克笔、水
溶彩色铅笔、高
光笔

　　为了平衡房屋原本的结构特性以及居家所需的舒适度，设计师稍微包覆顶棚，但让梁一半裸露出来，配合一面未加工的红砖墙，使这栋屋子被修整得更符合现代生活，但历史风貌同时也被保留了下来。由于建筑本身没有隔间，建筑师用了另类方法打造空间区隔，不是强加水泥和砖头，而是用白色方形结构创造出厨房，再以灰色油漆界定出餐厅，厂房空间原有的开阔穿透感仍在，居家需要的安定感也有了。

纸 张：硫酸纸／复印纸
工 具：绘图笔／滚珠笔

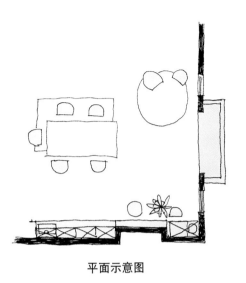

平面示意图

此改造项目保留了
挑高的顶棚、裸露的建
筑结构和原有的落地大
窗，借由明亮的光线、
大胆配色的家具，裸露
肌理的墙壁，营造出地
道的北欧风格。

纸 张：硫酸纸／复印纸
工 具：绘图笔／滚珠笔、酒精马克笔、水溶彩色铅笔、高光笔

平面示意图

该loft空间为工作室，简单且宽敞明亮，颜色只有简单朴素的材料本色——木本色和水泥色，空间的气氛显得稳重而不喧哗。简单的桌椅摆设方便行走，很多大大小小的画框作为点缀，让空间显得更轻松闲适。

纸 张：硫酸纸／复印纸
工 具：绘图笔／滚珠笔

纸 张：硫酸纸／复印纸
工 具：绘图笔／滚珠笔、酒精马克笔、水溶彩色铅笔、高光笔

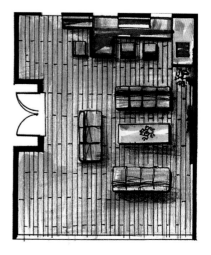

平面示意图

纸　张：硫酸纸／复印纸
工　具：绘图笔／滚珠笔

该 loft 空间天窗和侧窗采光宽敞明亮，室内保留原建筑的特点，也呈现出随意的艺术气氛，天窗的作用毋庸置疑。陈设家具的颜色将空间的布局区分，原建筑的灰色和人为的暖色沙发区明显地分隔出空间关系，营造出十分舒适的氛围。

纸 张：硫酸纸／复印纸
工 具：绘图笔／滚珠笔、酒精马克笔水溶彩色铅笔、高光笔

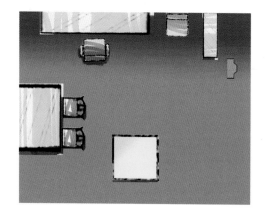

平面示意图

纸 张：硫酸纸／复印纸
工 具：绘图笔／滚珠笔

整个空间几乎没有装饰，保留原建筑的砖墙，粉刷为白色，并用书柜简单地分隔了空间。所有的家具陈设和画板、绘画工具等共同形成了典型的loft空间风格。18m² 的空间里，"麻雀虽小，五脏俱全"。未加任何装饰的古董式的电视机、皮制的工作椅、简单的工作台……一切存在都是设计。

纸 张：硫酸纸／复印纸
工 具：绘图笔／滚珠笔、酒精马克笔、水溶彩色铅笔、高光笔

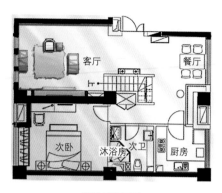

平面示意图

这个loft空间没有过多的装饰，整个墙体和框架几乎都外露，只是在主墙面上结合书柜做了一面水泥板墙，用的家具也都是很原始的，却还是显得那么温馨舒适，灵动有趣。材质的颜色朴素且温暖。大的采光斜窗使楼上空间别有一番神秘。

纸　张：硫酸纸／复印纸
工　具：绘图笔／滚珠笔

纸　张：硫酸纸／复印纸
工　具：绘图笔／滚珠笔、酒精马克笔、水溶彩色铅笔、高光笔

169

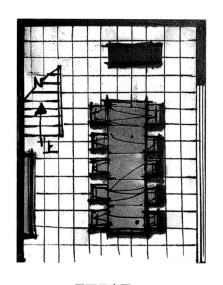

平面示意图

纸 张：硫酸纸／复印纸
工 具：绘图笔／滚珠笔

loft工业风办公空间设计，打造利落的工作氛围，却也不乏舒适度。砖墙的复古与水泥墙的沉静结合，给办公空间带来老旧却摩登的视觉效果。待在这样的办公室里，享受着静谧与美好。

纸 张：硫酸纸／复印纸
工 具：绘图笔／滚珠笔、酒精马克笔、水溶彩色铅笔、高光笔

十年树木，百年树人，教育的重要性不言而喻。由此看来，承载着教育学习的教育设施空间亦尤为重要。教育设施空间主要由教学空间与教育辅助空间两部分构成：教学空间主要指普通教室、专属教室、体育馆等；教育辅助空间主要指师生宿舍、食堂、办公室、交通空间等。

教育设施空间主要分为传统教育空间与开放式教育空间两种。传统教育空间以秧田式的教室空间布局、模式化管理为主要的设计方式，尤其使用于初中、高中等教育空间，这种布局缺乏学生之间交流与沟通的空间，整体空间氛围单调，不利于激发学生的创新精神与自主学习的意识。开放式教育空间多用于国际学校、大学等一些开放式的教育场所，教室空间内部打破了以往教师站在讲台上一人之上，学生"排排坐"坐在下面固定位置的模式，开放式教育空间设计目的是倡导学生的自主与合作，通过淡化讲台与黑板的中心位置，增加教育空间内部的功能性与可变性，学生可以自由地在教室内部交流与活动，构成无障碍的学习环境。

教育设施空间内部包含：教学楼、图书馆、实验室、办公室、体育馆、食堂、宿舍、礼堂等教育教学和师生生活空间。在满足基本功能需求的前提下，还应考虑教育空间中的灯光、色彩、家具舒适度等因素；此外，根据不同年龄、不同使用人群的需求，教育空间的布局亦有所不同，例如，特殊教育学校的设计需注意无障碍设计与学生感官的体验性；随着科技的发展，高科技产品也逐渐在教育空间中普及，如智能家具、投影设备、AR等技术；在材料的选择上，教育设施空间多选择易打理、防滑的石材及木色家具等简洁明亮的材料。

教育设施空间还属于文化场所，其中承载着对学校历史的传承与其使用人群未来的发展，通过合理的室内设计，激发师生对知识的探索性，教育空间应保存其特有的"场所精神"。

设计策略方面，不同类型的教育空间设计原则有所不同。例如，幼儿教育空间除了注重空间内部满足儿童的成长需求外，还要满足他们的心理需求。从心理学的角度看，满足幼儿的需求有助于培养他们的规范意识使其获得尊重感和归属感。此外，幼儿对鲜艳的颜色较为敏感，在教育空间的色彩上也应考虑这个年龄段的色彩偏向与色彩对空间的影响。儿童生长发育较快，在家具的选择上不仅要考虑家具的安全性、舒适性，还应考虑教育座椅的灵活可变性等。在中小学教育空间中，较为强调空间的灵活性与开放性，空间的包容性在一定程度上有利于激发学生的发散思维与创造性。而在特殊教育学校中，应考虑不同教育空间的可识别性。

总的看来，教育设施空间设计不仅需要满足教师、学生等不同人群的功能需求，还应因使用者年龄段不同、特征不同寓教于乐地考虑他们潜在的心理与情感诉求，以期营造一个既学术又生活的空间。

---

1 郑琳璐.幼儿教育空间环境设计应用研究[J].安徽建筑、2018(11)：58-60.

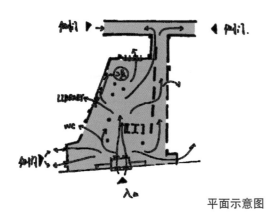

平面示意图

纸 张：硫酸纸／复印纸
工 具：绘图笔／滚珠笔

此公共教育设施空间为某大学美术学院的教学楼，设计的最终目标与结果是为艺术家们做背景，为他们做画布，为他们搭建展示艺术的舞台。因此，整体风格应是淳朴、简约、自然的，同时特别强调合理的功能与完美的细部处理，以此来强化整个建筑的美感。整个室内空间是白与灰的文雅色调，局部出现质朴自然的材料，比如木材，地面采用的是毛面的石材。

纸 张：硫酸纸／复印
纸
工 具：绘 图 笔／滚
珠笔、酒精
马克笔、水
溶彩色铅笔、
高光笔

此空间为旧教堂修复改造的中学教室，教室中殿的叉骨形拱顶成为本次设计的灵感来源。保留了胶合木拱顶，并对既有空间进行了重新配置，使其能够容纳教室、办公室、服务空间、餐厅和储藏室等。

纸　张：硫酸纸／复印纸
工　具：绘图笔／滚珠笔

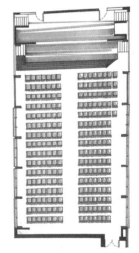

平面示意图

纸　张：硫酸纸／复印纸
工　具：绘图笔／滚珠笔、酒精马克笔、水溶彩色铅笔、高光笔

这是一个教育设施空间里的公共空间，以此公共走廊连接了各个线性排列的实验室，创造出一种与世隔绝的环境，其孤立的外貌使建筑更注重内在的表达。这种将建筑视为网格中的客体的设计方法为不断变化需求的城市创造了一种更稳定的形式，使建筑在必要的时候可以进行重新配置和加强。

纸　张：硫酸纸／复印纸
工　具：绘图笔／滚珠笔

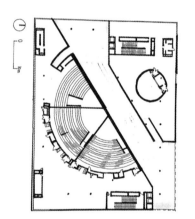

平面示意图

纸　张：硫酸纸／复印纸
工　具：绘图笔／滚珠笔、
酒精马克笔、水
溶彩色铅笔、高
光笔

纸 张：硫酸纸／复印纸
工 具：绘图笔／滚珠笔、
　　　酒精马克笔、水
　　　溶彩色铅笔

该空间为宿舍改造，目的是在一个开敞的宿舍空间内设计出独立的个人空间，可以学习、休息、上网。每个空间给人一种封闭的感觉，独立而隐蔽，安静自如，为学生提供一种安静优雅的环境。弧形太空舱造型的空间给人一种前卫的超现实感，通过可以推拉的造型可以使空间的功能发挥到最大，学生可以通过攀登既是梯子又是扶手的构架到高架床上休息。

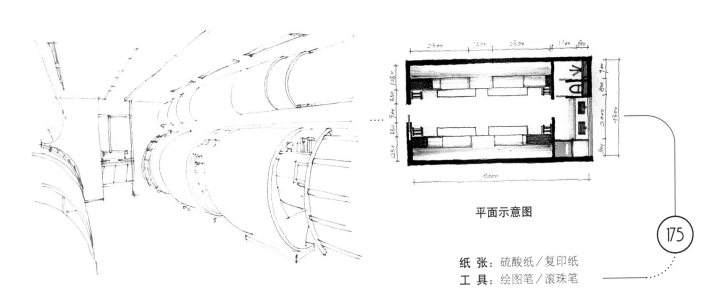

平面示意图

纸 张：硫酸纸／复印纸
工 具：绘图笔／滚珠笔

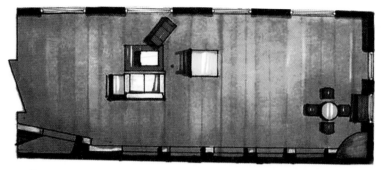

平面示意图

此空间为教育设施空间的交通空间，保留原建筑的框架结构，看似一种随意的处理，而黑色的框架使架空的顶棚更显得空阔，空间似乎增大了很多。休息座安排在空间的入口处，满足空间的功能要求。木质和水泥模板以及地面的对比，突出人们在其中的放松感觉。

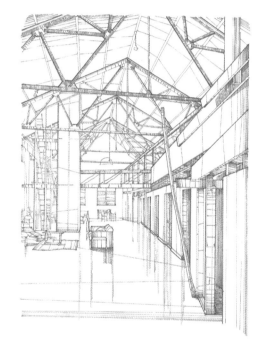

纸　张：硫酸纸／复印纸
工　具：绘图笔／滚珠笔

176

纸　张：硫酸纸／复印纸
工　具：绘图笔／滚珠笔、酒精马克笔、
　　　　水溶彩色铅笔

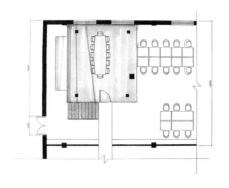

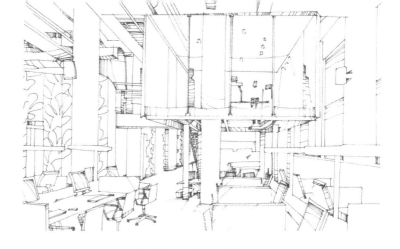

平面示意图

纸　张：硫酸纸／复印纸
工　具：绘图笔／滚珠笔

　　此空间是某学院的附属楼，这是一个粉色糖果般的室内：接待区的粉色环氧树脂地板，背景墙上粉色上浆尼龙网眼布的画作，特制的粉色潘通（Verner Panton）椅随处可见。这个空间满足了学校所需的自习和会议单独使用的功能，中层楼下有蓝色和绿色抽象仙人掌状的墙。设计师在工作室的上面建了一个水槽式的会议厅，钢骨架结构被特制的有色玻璃薄板围住，并用尼龙管照亮，成为这个教育空间设计的亮点，像一个梦幻的以波浪命名的蓝色世界。

纸　张：硫酸纸／复印纸
工　具：绘图笔／滚珠笔、酒精马克笔、水溶彩色铅笔、高光笔

这一区域里约1.6m²的阴影把带有由激光切割的乙烯基织物空间室外和室内展开有油印椰子树的粗帆布融合起来，让人联想起南加州的阳光。四周有棕榈木的平台甲板上铺着可随意移动的白色传统式躺椅，台面上还有笔记本电脑。为了加强室外感，设计者在上方悬挂了一片仿天空的装饰：想象一下处在方形灯浓浓阴影里，无云的热带蓝色天空中演示着椰子树的阴影轮廓(外部铺设打了孔的白色乙烯基织物)。除了椰子树平台和铺地毯的中层楼以外，附属建筑物的地板铺设镶嵌有石头的环氧树脂。顶棚露出——意味着设计者要传递一种听觉流。作为回应，使用大面积的棉布画铺垫背景墙。西面工作室靠近水池的地方，一面墙展示着带黑色轮廓的有机模壳，与白色的地面相呼应。

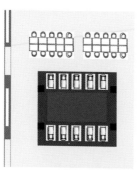

平面示意图

纸　张：硫酸纸／复印纸
工　具：绘图笔／滚珠笔

纸　张：硫酸纸／复印纸
工　具：绘图笔／滚珠笔、酒
　　　　精马克笔、水溶彩色
　　　　铅笔、高光笔

此设计为一所大学的大型社交空间与交通空间，整合了学生活动中心和正式的学习空间两种功能。建筑的核心区域为一个大型社交空间，三层高的建筑围绕此处依次布局，各层空间与核心区皆获得良好对视效果。作为建筑的核心区域，中央区域除作为社交核心外，还整合了围绕中心区展开布局的各个区域，并使它们各自获得更良好的连接性。

纸　张：硫酸纸／复印纸
工　具：绘图笔／滚珠笔

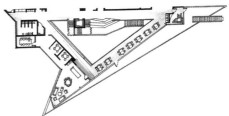

平面示意图

纸　张：硫酸纸／复印纸
工　具：绘图笔／滚珠笔、酒精马克笔、水溶彩色铅笔、高光笔

该建筑通过营造一系列社交空间和学习空间来实现社区交流，并注重建筑视觉空间和物理环境上的互联性。直接或间接地展露钢结构，彰显了该建筑在结构上的创新。采光井的周围设置多层"旋涡休息厅"为学生营造了多种非正式的学习环境。开放性的楼梯间引领学生穿梭在建筑各层，将栩栩如生的动态画面如荧屏般呈现在校园之中。

纸　张：硫酸纸／复印纸
工　具：绘图笔／滚珠笔

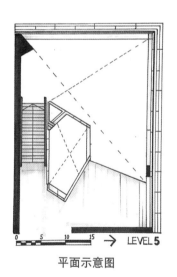

平面示意图

纸　张：硫酸纸／复印纸
工　具：绘图笔／滚珠笔、酒精马克笔、水溶彩色铅笔、高光笔

这幢五层高的建筑旨在创造优化灵活的学习和协作空间，以适应各种需求。所有的功能空间在建筑中央的"协作广场"汇集，学生、老师以及到访的各界领导人物在这里聚集，他们会在这里讨论、辩论并找到解决当今迫切问题的解决方案。

纸　张：硫酸纸／复印纸
工　具：绘图笔／滚珠笔

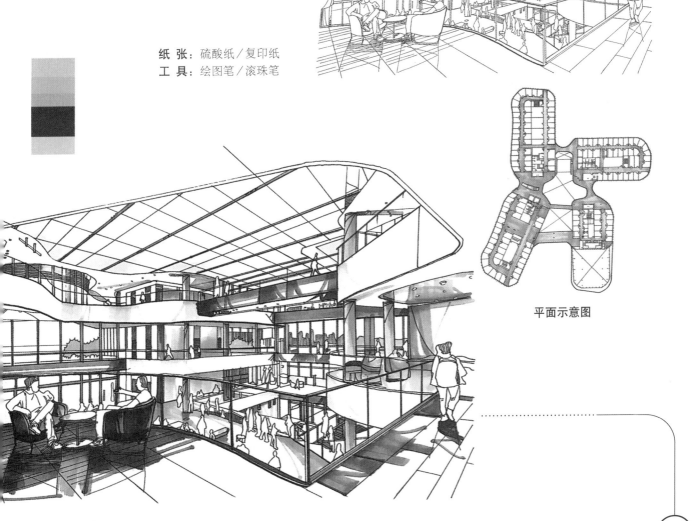

平面示意图

纸　张：硫酸纸／复印纸
工　具：绘图笔／滚珠笔、酒精马克笔、水溶彩色铅笔、高光笔

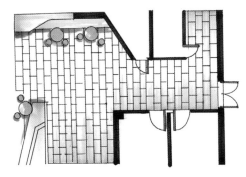

纸 张：硫酸纸／复印纸
工 具：绘图笔／滚珠笔

此案为图书馆的入口设计。当代学生需要适合个人的、安静的学习环境；同时，也受益于以团体为基础的、无缝细致地整合现代科技加以辅助的主动学习模式。入口设计的加强以及新增的咖啡屋使得该图书馆成为学术与情感交流中心。

纸 张：硫酸纸／复印纸
工 具：绘 图 笔／滚 珠
　　　 笔、酒 精 马 克
　　　 笔、水溶彩色铅
　　　 笔、高光笔

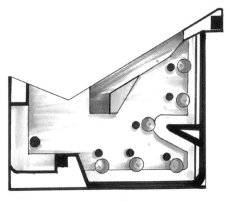

平面示意图

纸 张：硫酸纸／复印纸
工 具：绘图笔／滚珠笔

　　利用原有平面条件，形成口袋空间，使空间更加丰富，更具变化性，提供了更安静的学习场所，绿色的壁纸与沙发提供了令人愉悦的空间氛围，并与深灰色和浅木色搭配，色彩十分丰富和谐，给使用者营造了舒适的学习环境。

纸 张：硫酸纸／复印纸
工 具：绘图笔／滚珠笔、酒精马克笔、水溶彩色铅笔、高光笔

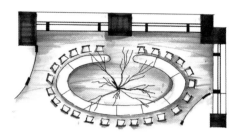

平面示意图

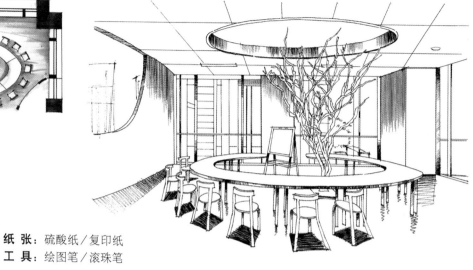

纸 张：硫酸纸／复印纸
工 具：绘图笔／滚珠笔

这是位于购物中心的儿童教学空间。该机构主要教授孩子音乐、舞蹈以及茶艺、厨艺、手工等课程，空间设计需要为上述需求提供恰当的教学场地。设计受到传统园林之中叠石假山的启发，制造了一组层叠错落的"假山"，让孩子们可以在这里尽情地游玩嬉戏。

纸 张：硫酸纸／复印纸
工 具：绘图笔／滚珠笔、酒精马克笔、
水溶彩色铅笔、高光笔

纸 张：硫酸纸／复印纸
工 具：绘图笔／滚珠笔

平面示意图

　　这个图书馆的设计初衷并不是为了储藏满是灰尘的书籍和卡片档案；它被设计成一个创意、研究和合作的中心，并免费向公众开放。电脑区域满足了人们上网查阅图书信息的需求。空间以蓝色和深木色为主色调，和谐并具有活力。

纸 张：硫酸纸／复印纸
工 具：绘图笔／滚珠笔、
　　　　酒精马克笔、水溶
　　　　彩色铅笔、高光笔

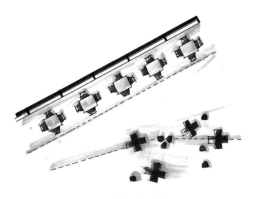

平面示意图

这是一所学校的学生中心。作为建筑的核心区域，中央区域除作为社交核心外，还整合了围绕中心区展开布局的各个区域，并使它们各自获得更良好的连接性。学生由入口踏入建筑主空间内，并沿核心区域依次分散至各个功能区内，沿途经过各种形式的楼梯、长椅、休息厅和学习区域。

纸　张：硫酸纸／复印纸
工　具：绘图笔／滚珠笔

纸　张：硫酸纸／复印纸
工　具：绘图笔／滚珠笔、酒精马克笔、水溶彩色铅笔、高光笔

居住空间是人们日常生活，如起居、睡眠、会客、娱乐、学习以及做家务等的重要场所，具有一定的私密性。而现代社会快节奏的工作、生活，使人们希望有一个轻松、舒适、随意的居住环境。因此，在居住空间中，家具与陈设的选择、布置应满足以上的使用要求和精神需求，形成独具特色的居住环境和对美的追求。对空间做一番创造性的设计，可使偌大的空间变得充实，使狭窄的空间显得宽敞，成功的设计不但能给家庭的起居生活带来方便，还能给人以美好的艺术享受。居住空间设计目的是使户型便捷宜居，有足够的采光照明通风以及满足人体工程学等，这些与人的日常起居关系密切。设计范围一般包括客厅、卧室、餐厅、书房、卫生间和厨房。对于居住空间的设计要注意以下几点：

1.居住成员的人数，相互关系，年龄和性别；
2.居住成员的民族和地区传统、特点、宗教信仰及文化背景；
3.居住成员的个性爱好、生活方式和工作性质；
4.居住成员的经济水平和消费趋向等。

由于生活水平的提高、科学技术的发展和设计理念的深化，居住空间的组成也在不断变化，从当前看，出现了两种居住空间理论：一种是空间的不断丰富，居住空间分区更为明确；另一种是王受之先生提出的"自由空间"理论。前者更加强调功能分区的明确性，后者则强调功能分区的融合性。

当今社会发展呈现多元化趋势，人们对于审美的需求也变得越来越多元，这使得居室设计更细腻、多样化、人性化，从而推动居室设计的发展。一个优秀的居室设计方案不但要满足客户的各种客观需要，而且要满足客户的主观审美需要，现代审美观下的居室设计要依据每个人的需求而采用不同的设计方案。因此我们不应该拘泥于风格，而是应该时刻关注人们审美倾向的变化，并根据这些变化对设计做出调整。

20世纪90年代以来，可持续发展的概念在全世界范围内普及，新的时代，要求设计师探求和建立可持续发展的设计观并在其指导下进行设计。居住空间的可持续发展特性，一是表现在居住空间与环境的协调问题上，既要满足当代人的需求，又要为造福后代长远考虑。如节能减排、保护生态环境、实现居住空间与环境相协调的可持续发展。同时，居住空间设计还要注意住宅使用的长期性特征，在使用周期中，居住功能应有其可变性和对未来的适应性。居住者在漫长的生活过程中，不断地适应年龄、家庭生活、生老病死等自身条件的变化，同时也不断地接受经济生活、社会生活、工作条件等环境给予的影响。室内居住空间应该吸纳这些变化的因素，适时地调整。室内居住环境是一个持续开放、发展的建筑体系，需要建立开放的、发展的设计观念，使居住空间能动地承载着变化着的居住生活。

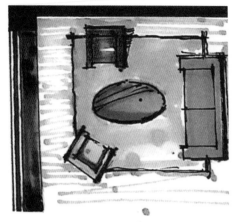

平面示意图

纸　张：硫酸纸／复印纸
工　具：绘图笔／滚珠笔

咖啡棕是整个空间的主色。裸露的砖墙、铁质的管道、开敞的落地窗营造出完美的生活空间。落地灯、小茶几等运用了金属材质，利落明快。整个空间都是利落的线条，横平竖直，很好地突出了工业风格。木材和皮质沙发等材料搭配中和了工业金属的生硬感，协调舒适，张弛有度。

纸 张：硫酸纸／复印纸
工 具：绘图笔／滚珠笔、酒精马克笔、水溶彩色铅笔、高光笔

平面示意图

纸 张：硫酸纸／复印纸
工 具：绘图笔／滚珠笔

大面积木质材料的
使用和三角斜坡屋顶的
设计使整个空间返璞归
真。弧形皮质沙发造型
轻松流畅，搭配弧形的
茶几惬意舒适。挑高的
设计空间敞亮，有充足
的光照。整个空间宛若
森林木屋，静谧美好。

纸 张：硫酸纸／复印纸
工 具：绘 图 笔／滚 珠
笔、酒 精 马 克
笔、水溶彩色铅
笔、高光笔

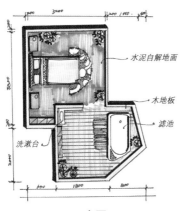

水泥自解地面

木地板

滤池

洗漱台

平面示意图

纸 张：硫酸纸／复印纸
工 具：绘图笔／滚珠笔

卫生间的设计，将浴盆、洗脸池、坐便器等洁具集中在一个空间，它的优点是节省空间、经济、管线布置简单。卫生间的墙面、地面均采用了防水的瓷砖，不但防水，而且有利于清洁。在镜面的上方设置了照明器具，可使人在洗漱时面部有充足的照度，方便女主人化妆。此卫生间设计满足现代、舒适、卫生、环保等要求。

纸 张：硫酸纸／复印纸
工 具：绘图笔／滚珠笔、酒精马克笔、水溶彩色铅笔、高光笔

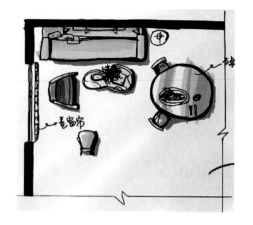

平面示意图

该居住空间充满了异国情调，注重自然材料的使用，空间舒适且充满情趣。家具造型夸张但舒适，采用艳丽的色彩突出独特而充满韵味的风格特征，整体空间像极了华丽的乐章。

纸 张：硫酸纸／复印纸
工 具：绘图笔／滚珠笔

纸 张：硫酸纸／复印纸
工 具：绘图笔／滚珠笔、酒精马克笔、水溶彩色铅笔

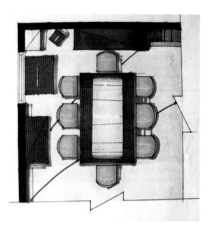

平面示意图

纸 张：硫酸纸／复印纸
工 具：绘图笔／滚珠笔

整个空间无论材料还是颜色都很有新意，胡桃木的餐桌、矮柜，灰色的水泥柱，水泥自流平地面。餐厅装饰风格大气、极具个性，室内空间的色彩对比中求统一，功能设计非常合理。

纸　张：硫酸纸／复印纸
工　具：绘图笔／滚珠笔、酒精马克笔、
　　　　　水溶彩色铅笔、高光笔

平面示意图

该空间是别墅的客厅设计，多以象牙白为主色调的简欧风格清新雅致，符合中国人内敛的审美观念。挑空结构加上落地窗的设计使整个空间开敞明亮，优雅利落、品位卓然。

纸　张：硫酸纸／复印纸
工　具：绘图笔／滚珠笔

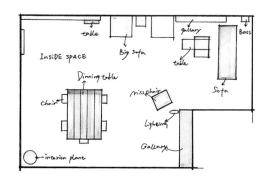

平面示意图

纸 张：硫酸纸／复印纸
工 具：绘图笔／滚珠笔

纸 张：硫酸纸／复印纸
工 具：绘 图 笔／滚 珠
　　　 笔、酒 精 马 克
　　　 笔、水溶彩色铅
　　　 笔、高光笔

197

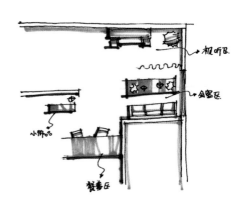

平面示意图

纸　张：硫酸纸／复印纸
工　具：绘图笔／滚珠笔

　　此空间为简约的风格，保留原建筑的柱子，未加过多的装饰，色调自然单纯，空间区分简单。复杂的生活需要简单的空间来弱化，复杂的心情需要单纯的配饰来调剂，就好像这灰绿色的布帘，使原本狭小的空间显得悠闲但有序。

纸　张：硫酸纸／复
　　　　印纸
工　具：绘图笔／滚
　　　　珠笔、酒精
　　　　马克笔、水
　　　　溶彩色铅笔

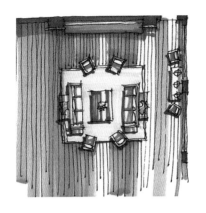

纸 张：硫酸纸／复印纸
工 具：绘图笔／滚珠笔

新古典主义崇尚的依然
是一如既往的舒适。没有复
杂的隔断，整个空间以大面
积的落地玻璃窗为主体，围
绕着壁炉的休闲区在窗边开
辟出了一个阅读空间，沙
发、地灯，营造了充满人性
的亲切。在墙角装点一束鲜
花或是一盆绿色植物，将窗
外景色引入室内，简单却又
不失华贵气息。

纸 张：硫酸纸／复印纸
工 具：绘图笔／滚珠笔、
　　　 酒精马克笔、水溶
　　　 彩色铅笔、高光笔

199

纸　张：硫酸纸／复印纸
工　具：绘图笔／滚珠笔、酒精马克笔、
　　　　水溶彩色铅笔、高光笔

　　以黑金两色为主体色的酒吧设计给人时
尚、复古的感受。吧台是酒吧空间的一道亮
丽的风景，简洁的线条配上雅致时尚的金属
台灯尽显浪漫之感。墙壁上色镜面元素使整
体空间更加宽敞明亮。

纸　张：硫酸纸／复印纸
工　具：绘图笔／滚珠笔

平面示意图

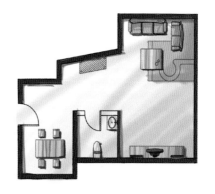

纸 张：硫酸纸／复印纸
工 具：绘图笔／滚珠笔

平面示意图

客厅的整体设计主要以简洁为主，不显拥挤又不失家的亲切。电视墙只做了简单的隔板，电视柜为地台式，其作用是为了不妨碍侧边的散热器。家具和门选用胡桃木饰面，造型与电视柜及侧边的房门相呼应。客厅的吊顶主要以直线二级吊顶及直线造型吊顶为主。贵妃椅样式的沙发组合使整个空间显得很舒适，配以较大面积的曲线花纹地毯，营造出一个温馨、亲切的会客空间。

纸 张：硫酸纸／复印纸
工 具：绘图笔／滚珠笔、酒精马克笔、水溶彩色铅笔、高光笔

201

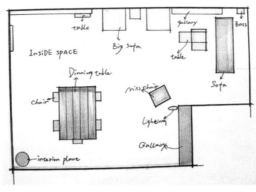

平面示意图

纸　张：硫酸纸／复印纸
工　具：绘图笔／滚珠笔

　　此起居室空间设计得简洁、古朴素雅。背景墙为视觉中心，采用大面积的文化石同陈设柜体结合在一起，统一的色彩，不同的材质形成动静对比。家具的设计颇具特点，茶几为弧形原木材质的，精致的靠垫是现代与传统的结合，茶几、沙发简约而大气，通过细节点缀了空间。

纸　张：硫酸纸／复印纸
工　具：绘图笔／滚珠笔、
　　　　酒精马克笔、水溶
　　　　彩色铅笔、高光笔

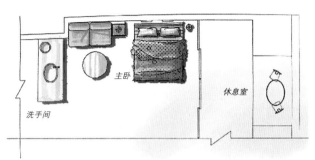

洗手间

主卧

休息室

平面示意图

纸 张：硫酸纸／复印纸
工 具：绘图笔／滚珠笔

　　卧室的设计多了几分装饰感，采用大面积的玻璃增加现代感和通透性，主卧的卫生间区域也设计成开放的样式。更为特别的是，按摩浴缸被放置到了开放的露台上。与主卧相连的，还有一个既可以被作为SPA、健身的区域，又可以被用作休息室或家庭室的地方，露台与浴缸与其相距仅几步之遥。

纸 张：硫酸纸／复印纸
工 具：绘图笔／滚珠笔、
酒精马克笔、水
溶彩色铅笔、高
光笔

此居住空间的设计简洁大方，家具的选用中西并用，红木的矮玫瑰椅，中式改良的回纹茶几，白色的拐角沙发上放着几个色彩艳丽的靠垫……设计师利用"减法"来简化空间设计，呈现给我们光影空间下的设计视角。

纸 张：硫酸纸／复印纸
工 具：绘图笔／滚珠笔

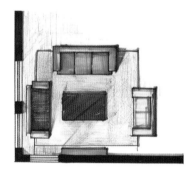

平面示意图

纸 张：硫酸纸／复印纸
工 具：绘图笔／滚珠笔、酒精马克笔、
水溶彩色铅笔

居住空间

客厅墙面全部用了白涂料和玻璃材质、电视背景也同样采用了黑色烤漆玻璃、镜面玻璃与米色涂料的结合。客厅家具与餐厅背景墙采用标志性的中国古典的红色，让整个空间形成一种跳跃的效果。吊顶与空间的设计运用了比较现代化的设计，从而使整个空间呈现出简单大方的效果，也更能体现出现代化的设计风格与活跃的氛围。

纸　张：硫酸纸／复印纸
工　具：绘图笔／滚珠笔、酒精马克笔、水溶彩色铅笔、高光笔

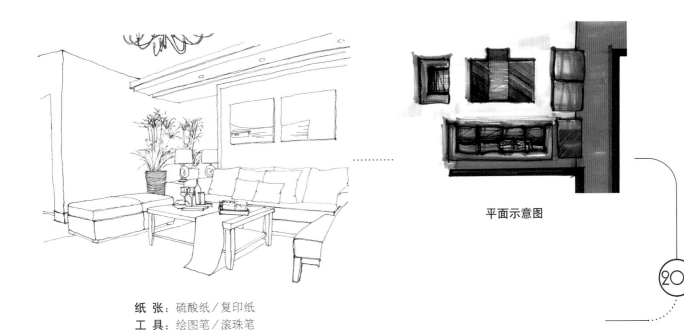

平面示意图

纸　张：硫酸纸／复印纸
工　具：绘图笔／滚珠笔

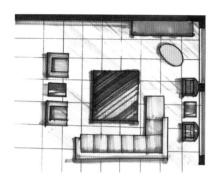

平面示意图

纸　张：硫酸纸／复印纸
工　具：绘图笔／滚珠笔

纸　张：硫酸纸／复印纸
工　具：绘图笔／滚珠笔、酒精马克笔、
　　　　水溶彩色铅笔、高光笔

此客厅设计风格尽显异域特色。使用了古朴木制材质的茶几，文化石背景的壁炉既可以取暖又起到了装饰效果。设计者精心描绘各个细节，色彩统一且又稳重，可以强烈地感受到传统的痕迹与深厚的文化底蕴，同时又摒弃了过于复杂的肌理和装饰，简化了线条。

米黄色、棕色作为主色充斥着整个空间，木材作为主材使居室中到处洋溢着温馨的感觉。同时巧妙地将书柜和窗户结合设计，空间利用和谐大方，给人浪漫舒适的感觉。木结构的顶棚处理为空间提供了更好的自由呼吸的空间。

纸 张：硫酸纸／复印纸
工 具：绘图笔／滚珠笔、酒精马克笔、
　　　　　水溶彩色铅笔、高光笔

纸 张：硫酸纸／复印纸
工 具：绘图笔／滚珠笔

平面示意图

纸 张：硫酸纸/复
印纸

工 具：绘图笔/滚
珠笔、酒精
马克笔、水
溶彩色铅
笔、高光笔

　　该空间是一个居住空间的露台，以大斜坡屋顶为主要特色，空间敞亮，有充足的光照。地面的高差处理有效地分隔空间，绿色植物的引入烘托了室内气氛，大面积木质材料的应用使空间更加返璞归真。不容置疑，这里也是夜晚纳凉、观星的好地方。

平面示意图

纸 张：硫酸纸/复印纸

工 具：绘图笔/滚珠笔

平面示意图

纸 张：硫酸纸／复印纸
工 具：绘图笔／滚珠笔

　　厨房采取完全开放式设计，将厨房与餐厅相通的部分做成一个料理台。平时可作为小餐桌使用，朋友来做客，在这里调几杯鸡尾酒，颇有些异国情调。这种时尚、休闲的生活方式很受年轻人的欢迎。厨房的开放式设计，映入眼帘的不仅是体面的厅堂，还有令人耳目一新的厨房，开放式厨房带来的空间感受更有冲击力。色彩鲜明的黄色与炉灶墙面的蓝色瓷砖对比色的运用使厨房也变得更具时尚感，成为充满情趣的生活空间。

纸 张：硫酸纸／复印纸
工 具：绘图笔／滚珠笔、酒精马克笔、水溶彩色铅笔、高光笔

纸　张：硫酸纸／复印纸
工　具：绘图笔／滚珠笔

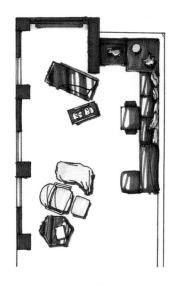

平面示意图

纸　张：硫酸纸／复印纸
工　具：绘图笔／滚珠笔、酒精马克笔、水
　　　　溶彩色铅笔、高光笔

　　该空间就原建筑的斜坡屋顶，采用红砖、木材等基础建筑的材料作为主要的装饰材料，突出建筑本身纯朴的美感。家具的布置围绕着钢琴合理地安排了两组休息区。木质扶手沙发使空间充满情趣。色彩的运用温馨而和谐。

主要参考文献

1. 陈国亮. 对中国医疗建筑设计若干问题的思考[J]. 城市建筑，2008.

2. 医疗建筑空间1[M]. 张倩，译. 北京：中国建筑工业出版社，2003.

3. 小原二郎等. 室内空间设计手册[M]. 张黎明，袁逸倩，译. 高履泰，校. 北京：中国建筑工业出版社，2000.

4. 弗里德曼等. 社会心理学[M]. 高地，等译. 周先庚，校. 哈尔滨：黑龙江人民出版社，1985.

5. 拉索. 建筑表现手册[M]. 周文正，译. 北京：中国建筑工业出版社，2001.

6. 拉索. 图解思考[M]. 邱贤丰，译. 陈光贤，校. 北京：中国建筑工业出版社，1988.

7. 彭一刚. 建筑空间组合论[M]. 北京：中国建筑工业出版社，1998.

8. 弗朗西斯·D. K. 钦. 建筑：形式·空间和秩序[M]. 周德侬，方千里，译. 北京：中国建筑工业出版社，1987.

9. 赛维. 建筑空间论[M]. 张似赞，译. 北京：中国建筑工业出版社，1985.

10. 刘旭. 图解室内设计分析[M]. 北京：中国建筑工业出版社，2007.

11. 尼森. 美国室内设计通用教材[M]. 陈德民，等译. 上海：上海人民美术出版社，2001.

12. 渊上正幸. 世界建筑师的思想和作品[M]. 覃力，黄衍顺，徐慧，吴再兴，译. 北京：中国建筑工业出版社，2000.

13. 张绮曼，郑曙. 室内设计资料集[M]. 北京：中国建筑工业出版社，1991.

14. 郑曙. 室内设计程序[M]. 北京：中国建筑工业出版社，1999.

15. 来增祥，陆震纬. 室内设计原理[M]. 北京：中国建筑工业出版社，2001.

16. 酒店设计与酒店设计师[M]. 大连：大连理工大学出版社，2002.

17. 切沃. 餐饮空间设计[M]. 深圳市创福实业有限公司翻译部，译. 北京：北京出版社，1999.

18. 理查德. 商店及餐厅设计[M]. 北京：中国轻工业出版社，2001.

19. 费尔德，欧文. Lofts 风格设计[M]. 李瑞君，译. 北京：中国轻工业出版社，2002.

20. 罗杰·易. 办公空间[M]. 张莉，张应鹏，译. 北京：中国轻工业出版社，2003.

21. 娱乐空间[M]. 福建科学技术出版社，2005.

22. 医疗空间[M]. 辽宁科学技术出版社，2003.

23. Domus编辑部. 建筑艺术与室内设计[M]. 北京：中国建筑工业出版社.

24. 长泽悟，中村勉. 国外建筑设计详图图集10：教育设施[M]. 北京：中国建筑工业出版社，2004.

25. 德落尔等. 教育财富蕴藏其中[M]. 北京：教育科学出版社，1996.

26. 黄汇. 国外中小学校建筑一瞥[J]. 世界建筑，1986（4）.

27. 杜威. 民主主义与教育[M]. 王承绪，译. 北京：人民教育出版社，2001.

28. 赵中建，倪顺喜. 从文化角度看学校图书馆建设[J]. 全球教育展望，2004（3）.

29. 张宗尧，李志民. 中小学建筑设计[M]. 北京：中国建筑工业出版社，2000.

30. 赵中建. 学校文化[M]. 上海：华东师范大学出版社，2004.

31. 日本文部科学省文教设施施策，网址：www.mext.go.jp/a_menu/01_i.htm

再版后记

　　我在英国读书的时候，所有有关设计绘图的作业，我的导师都会第一个找我做表现，他们总是惊奇于中国人的绘画技巧和空间表现力，这使我读书时能顺利许多。

　　读书时羡慕甚至可以说是忌妒欧洲学生的学习环境，博物馆、美术馆蕴含着神奇的文化精神力量，以致我所有的假期都留恋于各个博物馆和美术馆中，希望能多吸收一点养分。在此，我感谢这些年学习绘画和设计的过程中，给予我帮助的家人、老师、同学、朋友。

　　在这本书的编写过程中，得到了一些设计界朋友的建议和支持，其中特别感谢徐凯、邢海涛为本书提供部分平面图和说明。同时感谢在教学和实践中为本书提供图片的北京林业大学的已经毕业和即将毕业的设计师们！我们在一起成长的日子令人难忘，很感谢你们曾给我的快乐和激情。还要感谢参加再版新增绘制作品的杨艺、孙恺翊、曹文婉、吴人杰、沙榕、邢万里、张丽娇、郑卓尔、沈茜、刘娜君、韩志汝、马存财等同学，感谢你们的努力！

　　感谢本书的责任编辑中国建筑工业出版社的费海玲女士在本书的筹备过程中给予的帮助和支持！

　　真诚地希望本书对您有所帮助，并诚恳地接受大家的批评和意见！

　　再次感谢大家！

田　原